1. 浙江省教育厅 2022 年省级课程思政教学研究项目："课程+公益" 思政模式研究与实践——以《智能传感器应用》为例（序号：435）
2. 浙江省 2023 年高等学校　国内访问工程师校企合作项目：多种液体混合控制装置的数字化设计（项目编号：FG2023219）
3. 2023 年衢州市指导性科技攻关项目：智能包装数字孪生生产线设计研究（项目编号：2023ZD119）

工业数字化背景下
高职电气自动化技术专业
课程教学改革案例分析

齐　健　廖东进　李　杰　徐云川　毛　敏　著

U0341801

北　京

冶金工业出版社

2024

内 容 提 要

本书共分7章，主要内容包括高职电气自动化技术专业课程教学改革概况、"四动课堂共育"教学模式分析报告、"纸箱包装单元虚实联调"数字生产线内容重构、"纸箱包装单元虚实联调"智能生产线内容重构、"四动课堂共育"教学设计实施、"智能传感器技术应用"项目"公益"课程手册、"课程+公益"思政模式研究与实践报告。

本书可供高职院校从事电子、电气相关专业教学的教师阅读和参考。

图书在版编目(CIP)数据

工业数字化背景下高职电气自动化技术专业课程教学改革案例分析／齐健等著 . —北京：冶金工业出版社，2024. 5
ISBN 978-7-5024-9838-2

Ⅰ.①工…　Ⅱ.①齐…　Ⅲ.①自动化技术—教学改革—案例—高等职业教育　Ⅳ.①TP2

中国国家版本馆 CIP 数据核字(2024)第 073548 号

工业数字化背景下高职电气自动化技术专业课程教学改革案例分析

出版发行	冶金工业出版社	电　话	(010)64027926
地　址	北京市东城区嵩祝院北巷 39 号	邮　编	100009
网　址	www. mip1953. com	电子信箱	service@ mip1953. com

责任编辑　刘林烨　美术编辑　吕欣童　版式设计　郑小利
责任校对　梅雨晴　责任印制　禹　蕊
三河市双峰印刷装订有限公司印刷
2024 年 5 月第 1 版，2024 年 5 月第 1 次印刷
787mm×1092mm　1/16；10 印张；222 千字；150 页
定价 99.00 元

投稿电话　(010)64027932　投稿信箱　tougao@cnmip. com. cn
营销中心电话　(010)64044283
冶金工业出版社天猫旗舰店　yjgycbs. tmall. com
(本书如有印装质量问题，本社营销中心负责退换)

前　　言

2023 年，中共中央办公厅、国务院办公厅印发《关于深化现代职业教育体系建设改革的意见》，重点工作中指出：打造一批核心课程、优质教材、教师团队、实践项目，及时把新方法、新技术、新工艺、新标准引入教育教学实践。做大做强国家职业教育智慧教育平台，建设职业教育专业教学资源库、精品在线开放课程、虚拟仿真实训基地等重点项目，扩大优质资源共享，推动教育教学与评价方式变革。面向新业态、新职业、新岗位，广泛开展技术技能培训，服务全民终身学习和技能型社会建设。

衢州职业技术学院电气自动化技术专业教学团队深入贯彻党中央、国务院关于职业教育改革的决策部署，结合全国职业院校技能大赛教学能力比赛方案的要求，研究面向新业态、新职业、新岗位的教学模式，形成基于"自动化生产线调试技术"等专业拓展课程的"四动课堂育人"教学模式，率先引入数字化设计平台，以数字化建模仿真调试为载体，构建"校企协同、虚实结合"的教学环境开展教学。同时，研究综合运用第一课堂和第二课堂，组织开展社会实践、志愿服务、实习实训活动，形成基于"智能传感器技术应用"等专业基础课程的"课程+公益"课程思政建设方法和途径。

本书撰写分工如下：齐健负责第 1 章、第 2 章和第 6 章的撰写，廖东进负责第 3 章的撰写，李杰负责第 4 章的撰写，徐云川负责第 5 章的撰写，毛敏负责第 7 章的撰写。本书在撰写过程中，参考了相关文献资料，谨向有关作者表示感谢。

由于作者水平所限，书中不妥之处，敬请广大读者批评指正。

齐　健

2023 年 9 月

目　　录

1 高职电气自动化技术专业课程教学改革概况

1.1 改革背景

2020年，教育部关于印发《高等学校课程思政建设指导纲要》的通知强调：紧紧抓住教师队伍"主力军"、课程建设"主战场"、课堂教学"主渠道"，让所有高校、所有教师、所有课程都承担好育人责任，守好一段渠、种好责任田，使各类课程与思政课程同向同行，将显性教育和隐性教育相统一，形成协同效应，构建全员全程全方位育人大格局，要切实把教育教学作为最基础最根本的工作，深入挖掘各类课程和教学方式中蕴含的思想政治教育资源，让学生通过学习，掌握事物发展规律，通晓天下道理，丰富学识，增长见识，塑造品格，努力成为德智体美劳全面发展的社会主义建设者和接班人。综合运用第一课堂和第二课堂，组织开展"中国政法实务大讲堂""新闻实务大讲堂"等系列讲堂，深入开展"青年红色筑梦之旅""百万师生大实践"等社会实践、志愿服务、实习实训活动，不断拓展课程思政建设方法和途径。

2023年，中共中央办公厅、国务院办公厅印发《关于深化现代职业教育体系建设改革的意见》，重点工作强调：优先在现代制造业、现代服务业、现代农业等专业领域，组织知名专家、业界精英和优秀教师，打造一批核心课程、优质教材、教师团队、实践项目，及时把新方法、新技术、新工艺、新标准引入教育教学实践。深入推进习近平新时代中国特色社会主义思想进教材、进课堂、进学生头脑，牢牢把握学校意识形态工作领导权，把思想政治工作贯穿学校教育管理全过程，大力培育和践行社会主义核心价值观，健全德技并修、工学结合的育人机制，努力培养德智体美劳全面发展的社会主义建设者和接班人。

1.2 改革途径

2022年，全国职业院校技能大赛教学能力比赛方案中强调：

（1）对接职业标准（规范）、职业技能等级标准等，优化课程结构、更新教学内容，对接新产业、新业态、新模式、新职业，体现专业升级和数字化转型；

（2）进行学情分析，确定教学目标，优化教学过程，专业（技能）课程按照生产实际和岗位需求设计模块化课程，强化工学结合、理实一体实施项目式、任务式教学等；

（3）注重过程评价与结果评价相结合，探索增值评价，深度思考在教学设计、教学实施、教学评价过程中的经验与不足，再总结更新教育理念、落实课程思政、优化教学内容、创新教学模式。

结合职业院校教学能力比赛要求，针对电气自动化技术专业"自动化生产线调试技术"课程中"纸箱包装单元虚实联调"项目，采取以下措施：

（1）深入研究"四动课堂"共育模式教学模式，优化课程结构、更新教学内容、拓展教学内容深度和广度；

（2）进行学情分析，确定教学目标，优化教学过程；

（3）积极引入典型生产案例进行教学实施；

（4）注重过程评价与结果评价相结合，探索增值评价；

（5）深度思考在教学设计、教学实施、教学评价过程中的经验与不足，形成范式可推广的教学模式。

结合行业和专业特点，做好课程思政的系统性设计。探索"课程+公益"思政模式融合创新研究，从教学体系设计、教学过程实施、教学评价与反馈三个角度，构建"知识、能力、价值"有机融合的专业课课程思政教学模式。创新课程思政模式，将专业课程思政育人和大学生公益活动思政育人相结合，优势互补，积极发挥专业课程特色，形成课堂课程思政和课下公益思政的有效衔接。学生在公益活动实践中检验所学，通过观察和研究社会，加强国情、民情教育，培养新时代青年既要有家国情怀，也有站在社会角度思考问题的格局与气度，潜移默化中影响学生的价值观和行为方式，促成"有理想 有担当 有本领"的"三有"目标达成，以此达到协同育人的目的。

2 "四动课堂共育" 教学模式分析报告

2.1 基本概况及课程简介

2.1.1 基本概况

课堂改革是"三教"改革（教师改革、教材改革、教法改革）的重要抓手，为彰显职业教育类型特征，支持区域经济转型升级，破解职教课堂教学真实问题，职业院校课堂亟须进行深入的重组和升级。为此，基于"三教"改革关键要素，构建关注教师发展、重视教材研制，融合多元教法的多彩课堂，对职业教育电气自动化技术专业进行改革实践，构筑教学新格局，重构教学项目，创设理虚实一体化学习空间，运用多样化信息技术及多维度课堂评价，精准满足学生学习需求，支持课堂教学持续改进。

课程积极响应区域"产业数字化转型"人才需求，落实新时代立德树人使命，在工业4.0 的背景下，为适应企业工业数字化改造的新要求，经过对企业岗位典型工作任务的调研和分析后，融合智能产线和数字产线调试运行知识技能，将数字孪生中的相关技术引入课程建设，基于智能工厂仿真软件（Smart Factory Builder，SFB）开展沉浸式虚拟仿真，并依托校内智能工厂在生产线上实施同步运行调试。校企合作开发生产性学习任务，引入数字孪生新技术，围绕数字智能生产线同步运行重构教学内容，采用"校企协同、虚实结合、任务驱动"教学策略，探索"四动课堂共育"教学模式，培养知识型、技能型、创新型高素质技术技能人才。

2.1.2 课程简介

"四动课堂共育"教学模式改革目前主要应用于"自动化生产线调试技术"课程，该课程紧密结合电气自动化技术人才培养方案的育人目标，结合电气自动化技术专业教学标准，融通"岗课赛证"重构课程内容，针对高等职业教育电气自动化技术专业二年级学生开设。

"自动化生产线调试技术"是电气自动化技术的综合应用，形成职业核心能力的必修课程。学习本课程前学生必须具备相关的电气基础知识，即传感器应用技术、低压电器控制、液压与气压传动、PLC 应用、变频器应用等相应的知识。课程面向智能生产线控制及自动化设备装调相关的岗位，如智能生产线安装与调试、自动控制技术、电气控制等关键岗位，以适应智能生产线系统管理、故障分析、故障维护、运行过程测试等能力要求而设置。

课程内容以亚龙 YL-1812A 型智能工厂实训室为载体，融合自动化生产线安装、调试和维护技术的主要知识和技能点，构建基于供料加工单元、装配分拣单元、输送搬运单元、立体仓储单元、MES系统集成与应用的相关项目；同时，依托智能工厂仿真软件探索智能制造技术，建设多种信息化手段共同作用，形成数字孪生的有效融合，课程内容呈现自动化、数字化、智能化趋势，为学生形成良好的职业核心竞争力提供基础。

2.2 整体设计

2.2.1 融通"岗课赛证"，依托"数智产线"重构教学内容

全国职业教育大会明确要求强化"岗课赛证"综合育人，提升教育质量，"岗"是工作岗位，是课程建设的标准和方向，"课"是课程体系、课程内容，是教学改革的核心和基础；"赛"是职业技能大赛，是课程教学的高端示范和标杆；"证"是职业技能等级证书等，是课程学习的评价和行业检验。因此，职业教育需要强化类型教育特征，融通"岗课赛证"建设课程。

在课程内容建设中，依据国家电气自动化技术专业教学标准和智能线运行与维护等职业技能等级标准，把生产线典型工程项目转化为教学项目，工作任务转化为学习任务；课程内容与岗位标准对接，教学过程与工作过程对接，形成"2转化+2对接"的课程内容重构思路。选用国家规划教材和校企共编活页式工作手册，深入分析电气自动化技术专业毕业生工作岗位，适应产业转型升级需求，优化教学内容。按照"供料包装–装配搬运–仓储管理"生产流程，构建"六应用+一综合"分总式项目（见图2-1），体现由易入难、由单一到综合的递进关系。

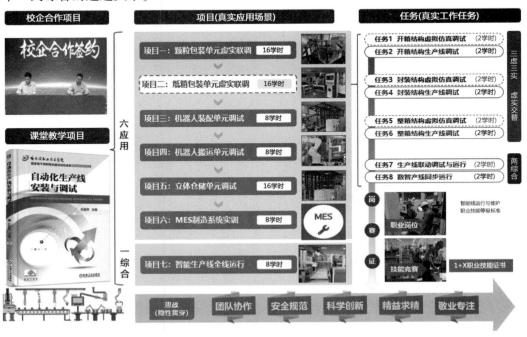

图2-1 教学内容

2.2.2 结合动态数据，把握"多维度差异化"学情分析

学情分析通常称为"教学对象分析"或"学生分析"，是为研究学生的实际需要、能力水平和认知倾向，为学习者设计教学，优化教学过程，更有效地达成教学目标，提高教学效率。学情分析是教与学内容分析（包括教材分析）的依据。学情分析是伴随现代教学设计理论产生的，是教学设计系统中"影响学习系统最终设计"的重要因素之一，是对"以学生为中心""以学定教"的教学理念的具体落实。学情分析是教与学内容分析（包括教材分析）的依据。学情分析是教学策略选择和教学活动设计的落脚点。

学情分析内容较广，主要包含影响学习的因素有：现有知识结构、兴趣爱好、思维情况、认知状态或发展规律，生理心理状况、个性及发展状态和个人发展前景，学习动机、内容、方式、时间、效果，生活环境，以及最近发展区、感受、成功感等。

案例中，"自动化生产线调试技术"课程授课对象为电气自动化技术专业电气控制方向二年级学生，男生占比高，宏观角度分析，学生整体对自动生产线装调的学习兴趣较好，具备一定的专业知识，动手能力较强，但基础知识相对薄弱，思考意识尤其薄弱。

针对学生个体学习展开调研，结合前序项目，项目二学习前，通过超星平台行为数据、前序项目过程性评价、调查问卷与学习测试等方式，对学生进行"平台行为、过程考核、动态跟踪"数据分析。学情分析如图 2-2 所示。

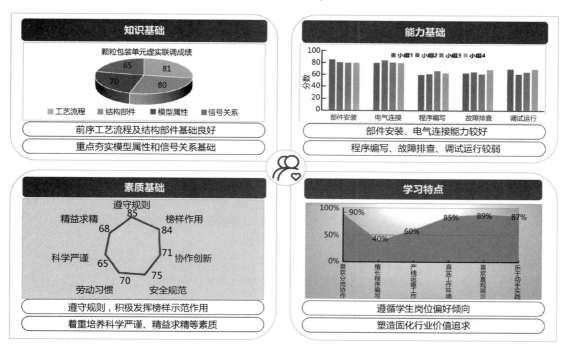

图 2-2 学情分析

2.2.2.1 知识和技能基础

由图 2-2 分析可知，学生对颗粒包装单元工艺流程、结构部件等知识技能基础，平均分均超过 80 分，这说明在虚实情景中交替学习有助于学生观察理解；但信号关系平均分仅 65 分，这说明对信号之间的逻辑关系需加强学习。

2.2.2.2 认知和实践能力

对比 4 个小组实操成绩，在部件安装、电气连接中，每组平均 80 分以上，这说明真实工作环境学练效果明显；故障排查、程序编写、调试运行实操成绩普遍低于 70 分，这说明学生独立分析问题和排查解决故障能力需进一步加强。

2.2.2.3 素质与学习特点

分析素质与学习特点发现，90%以上学生接受并逐步喜欢在分岗协作情景中学习，磨炼自身特长，教学中应遵循学生岗位偏好，因材施教。40%学生在程序编写方向能力突出，60%学生在现场调试及运维方向能力突出，但在协作与创造性劳动、精益求精、科学严谨等方面，还没有形成必备和稳定的行业价值追求，应重点塑造、逐步固化。

2.2.3 依据课程标准，结合学情分析，确定教学目标

依据课程标准，结合学情分析，确定三维教学目标，针对职业核心能力，对接"现代电气控制系统安装与调试"技能竞赛要求，对接智能线运行与维护等职业技能等级标准，概括为"部件安装、电气接线、程序编写、故障排查、调试运行"五大核心能力与"团结协作、科学严谨、安全规范、精益求精"四大素质目标，如图 2-3 所示。

图 2-3 教学目标

2.2.4 融合"校企协同"，实施"四动课堂共育"策略

项目采用"校企协同、虚实结合、任务驱动"教学策略，围绕"引进来走出去、专业对接产业"的校企合作理念，专门与一些数字经济发展研究院合作，共建产学研综合体，共组"双元结构教师小组"；共编活页式工作手册，整合"校企实训基地、数字设计平台、故障案例库"资源，创设"虚实结合"教学环境，依据"产线对接实际、任务对接岗位、小组对接班组"，应用行动导向法驱动任务实施，构建"四动"课堂，共育"重知识、善技能、会创新"数字工匠如图 2-4 所示。

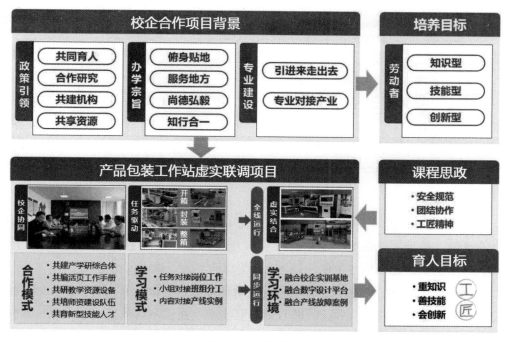

图 2-4 教学策略

2.3 教 学 实 施

紧密贴合岗位工作流程，通过数字产线与智能产线之间"三虚三实、虚实交替"任务，分别实现"开箱""封装""整箱"结构独立运行，构建"数动""智动"课堂，在此基础上，实现智能生产线联动运行，数字智能产线同步运行，构建"联动""互动"课堂。结合"课前任务预设，课中任务实施，课后任务延伸"的教学环节，以行动导向教学法（咨询-计划-决策-实施-检查-评估）驱动任务实施，逐步构建"四动"课堂，如图 2-5 所示。

（1）课前任务预设：开展资源自学、知识自测、操作自练、组长先学，依托超星平台发布动画视频、安全测验等任务引导学生自主学习，并探索"组长先学"的学习模式，发挥榜样示范作用。

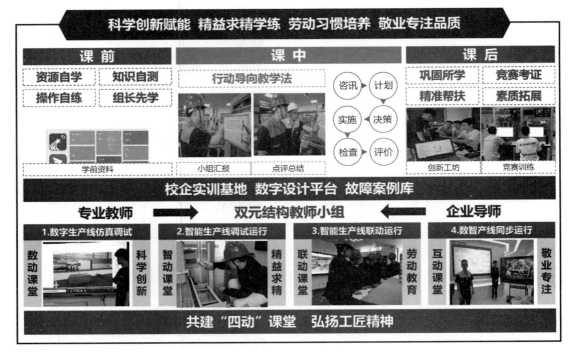

图 2-5 教学实施

（2）课中任务实施：组建"双元结构教师小组"，企业导师参与教学设计、实践指导、实训考评，参照企业班组，设置4人/组（组长、安全员、设备员、技术员），融入劳动教育内容和科学严谨、精益求精、敬业专注等思政元素，助力工匠培养。

（3）课后任务延伸：线上测试巩固所学，精准帮扶未达标学生，实现达标全覆盖。校企共选学生进入高技能创新工坊，开展"强技双创类"素质拓展活动，联合指导学生参加校企合作实践项目，强化技能，提升素质。

2.3.1 虚拟仿真达成"数动"，实现科学创新赋能

如图 2-6 所示，对接任务 1、任务 3、任务 5，以企业数字化改造为导向，结合数字孪生新技术，通过虚拟仿真调试，实现数字生产线独立运行，科学创新赋能，达成"数动"，强化训练学生数字产线仿真调试能力。

如图 2-6 所示，在任务 5 中，融合"1+X"技能点——定义模型属性，通过案例分析法，开展学生分组实验、互看互学活动，按照"看问题、查原因、说决策、分组练、学重点、解难点"的步骤，重点学习如何确定速度范围，加深对结束点取值、位置等难点知识理解，培养学生学以致用、科学严谨的职业品质。

2.3.2 独立调试达成"智动"，促进精益求精学练

如图 2-7 所示，对接任务 2、任务 4、任务 6，通过分析调试，精益求精学练，实现智

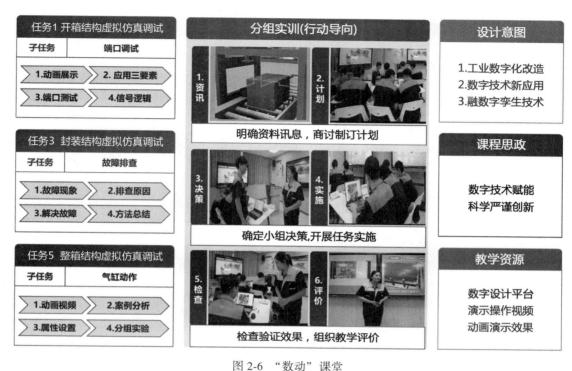

图 2-6 "数动"课堂

能生产线独立运行，达成"智动"。结合实际智能生产线工作场景，提高学生生产线分段独立调试能力，突出安全规范等素养目标。

图 2-7 "智动"课堂

如图 2-7 所示，在任务 4 中，结合案例库，以气动挡板故障为例，引导学生完整描述故障现象，再通过小组研讨分析原因，对应型号开展部件检查，气路连接分组实训排查故障，确定精准控制流量解决方案，气缸调速解决故障。

2.3.3 联机调试达成"联动"，助力劳动习惯培养

如图 2-8 所示，对接任务 7，智能生产线各段联机调试，实现全线运行，达成"联动"，是"智动"基础上的应用任务，主要培养学生的综合调试能力，强化团结协作素养，参照 6S 管理标准，在点检、装调、运行等任务中融入劳动教育。

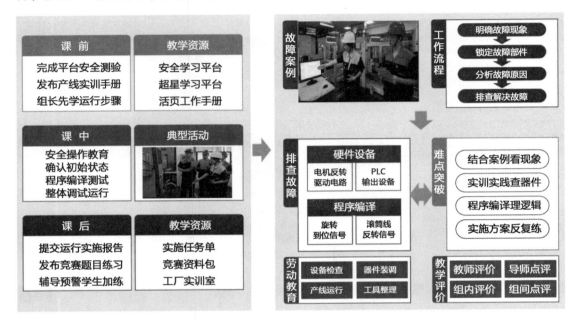

图 2-8 "联动"课堂（任务 7）

如图 2-8 所示，在任务 7 中，结合前序项目，以转向器故障排查处理为例，总结故障排查难点的突破方法，按照"结合案例看现象–实训实践查器件–程序编译理逻辑–实施方案反复练"的步骤，培育学生在工作中发扬吃苦耐劳的精神。

2.3.4 虚实联调达成"互动"，塑造敬业专注品质

如图 2-9 所示，对接任务 8，通过数智产线同步运行，企业导师深度参与实训指导与评价，达成"互动"课堂，培养学生对数字孪生新技术的综合应用能力，结合优秀校友技术服务典型案例，发挥榜样示范作用，培养学生科学创新精神。

如图 2-9 所示，在任务 8 中，校内教师总结"六步启动同步运行"法，指导学生对关键技术的操作，企业导师围绕操作规范性、实训效果展开指导，有效突破难点，突出敬业专注工匠情怀。

2.3.5 基于过程评价，探索"均量值"模型增值评价

为了系统化、立体化呈现学生学习效果，考核评价采用学生自评、小组互评、校企双导师点评等多元评价模式，对五大核心能力及四大素质目标进行具体评估。根据教学目标

图 2-9 "互动"课堂（任务 8）

设置各技能点与素质点的评价依据，围绕安全意识、熟用知识、实操训练、团队协作四个方面，通过口试、测验、任务单、超星平台行为数据等进行过程评价。

探索均量值模型实施增值评价（见图 2-10），设置学生成绩为优良 A（≥80 分）、合格 P（60~79 分）和待达标 E（<60 分）三个层次，分别设置权重，利用公式 $M = 4A + P - 4E$ 计算均量值，计算各等第人数比例结构均量值并分析其变化。如图 2-10 所示，对比数字生产线仿真应用任务 1、任务 3、任务 5、任务 8，对比智能生产线调试运行任务 2、任

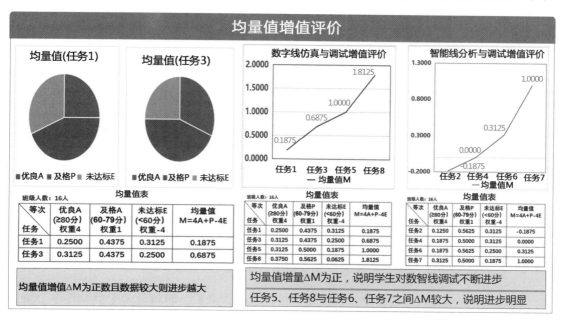

图 2-10 教学评价

务 4、任务 6、任务 7,分析学生数智双线调试能力增值显示,均量值增量 ΔM 普遍为正,这说明依据任务递进,学生调试能力不断进步;任务 5、任务 8 与任务 6、任务 7 之间 ΔM 较大,这说明学生单步任务基础上,联动、互动任务综合调试进步最明显。

2.4 学生学习效果

2.4.1 在虚实交替学练中,知识技能逐步拓宽

对比项目一,工艺流程、结构部件、模型属性、信号关系等知识测验成绩平均提高 3%~5%(见图 2-11),气缸控制原理平均成绩 80 分以上,这说明学生基础知识学习效果良好;分析 4 个小组在部件安装、电气接线、程序编写、故障排查、调试运行等任务学练情况,平均成绩为 70~80 分,较项目一提高 7% 以上,能力逐步提升;企业导师对学生专业水平、实践动手能力评价较高,通过校企合作项目的培养可以有效适应企业需求,学生知识技能融合递进,为后续机器人装配单元学习奠定基础。

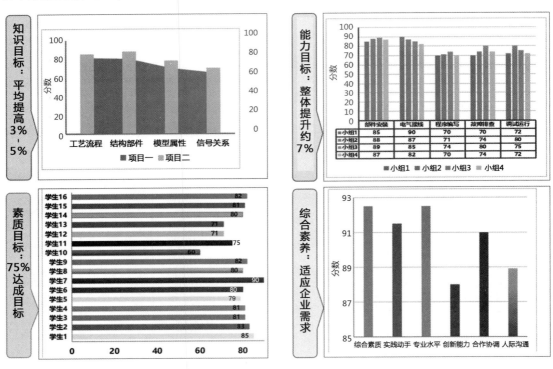

图 2-11 学习效果

2.4.2 在团队协作任务中,职业素养稳步提升

参照企业班组合理分工,学生形成稳固的团队合作意识,将每位学生参与任务、协作情况各项素质评分指标加权分析,学生素质目标优良占比 75%;通过安全过关测试,学生

安全测验成绩提高了 4 个百分点,逐渐建立安全规范意识;组建学生党员队伍采风,传承红色基因和中华民族伟大精神,在省高校思政微课大赛中屡创佳绩,助力职业素养稳步提升。

2.4.3 在技能工坊实战中,创新意识同步强化

高技能创新工坊以研促产,助力区域中小企业技术突破。通过第二课堂,吸收学生参与承接区域智慧交通、工业互联网改造等项目,服务地方企业 5 家,帮助中小企业降低设备成本 40%;应用新技术进行创新实践,在模型仿真、程序设计、调试验证能力等方面得到提升,取得国家专利 5 项;在全国创新创业类和技能类竞赛中硕果累累,团队协作和创新意识逐步强化。

2.5 反思与改进

2.5.1 特色创新

2.5.1.1 依托校企协同育人模式构建"四动"课堂

依托校企合作项目,贯彻执行"共同育人、合作研究、共建机构、共享资源"合作模式,共组"双元结构教师小组"师资团队,形成"校企协同、虚实结合、任务驱动"教学策略,虚拟仿真实现"数动"、独立调试实现"智动"、联机调试实现"联动"、虚实联调实现"互动",合力构建"四动"课堂,提升学生职业认知,培养职业情怀,如图 2-12 所示。

图 2-12 特色创新

2.5.1.2 营造"虚实结合"产线联调技能训练新环境

采用"虚拟仿真+实际产线",携手企业建设智能工厂综合实训基地,构建适应数字

化改造新技术、新方法、新规范的数字化设计仿真平台，共同设计实训项目，结合企业案例建成适应学生实训实践的故障案例库，营造沉浸式技能训练新环境，缩短理论教学与实际应用之间的距离，降低实际生产线调试中的设备损耗。

2.5.2 改进方向

2.5.2.1 加大科技服务力度，转化迭代教学资源

针对企业生产效率低、技术改造等痛点，需整合校企双方优质资源，加大科技服务力度，并将技术咨询、技术培训、社会服务、应用技术成果等进一步转化为教学资源，优化丰富活页式工作手册，持续保证教学内容迭代频、技术融入快、呈现形式新。

2.5.2.2 整合专业群资源，服务岗位职业发展

产业数字化迅猛发展，面对学生生产线运维等岗位数字技术融合创新需求的现状，需要整合专业群资源，探索与计算机应用技术、人工智能技术应用、大数据技术、应用电子技术等跨专业协同教学模式，更好地服务学生的职业发展。

3 "纸箱包装单元虚实联调" 数字生产线内容重构

3.1 纸箱包装数字生产线概况

传统调试过程经历了概念设计、机械设计、液压、气动驱动设计、电气设计、软件设计等，最后才能进行设备调试阶段。可以看出，该开发流程属于串行流程，这不仅消耗更多的研发时间和费用，还会使整个产品设计具有成本高、周期长的缺点，且不能与详细设计并行工作，也不能及时修改概念设计意图。随着企业数字化与智能化建设的不断完善，由多种信息化手段共同作用形成的数字孪生解决方案已经逐渐成为智能车间建设的重要手段。以虚拟影响现实，数据推动生产是数字孪生技术的重要的作用之一。

使用数字孪生技术可以对车间进行整体数字化升级，不仅是将现实投影进入虚拟世界，还需要通过虚拟世界模型、数据和算法进行优化、迭代，对现实状态进行预测，从而通过虚拟世界对现实世界产生影响，为真实车间以及生产提供优化分析和调度指挥。

在自动化生产线规划建设初期，就应该将数字孪生作为重要的技术手段，共同进行产线自动化与信息化的融合规划。若仍按照先进行自动化产线建设，后进行产线数字孪生建设，所面临的最大问题是：产线硬件设备采购、布局已经完成，PLC 控制系统编程、调试也已经固化，那么即使通过数字孪生技术对产线进行了虚拟化构建，产生的数据也无法对现有产线产生较为明显的正向影响。

依托亚龙 YL-1812A 智能工厂构建 "自动生产线调试技术" 课程相关内容时，率先在 "项目二　纸箱包装单元虚实联调" 中重构教学内容，针对纸箱包装单元开展数字孪生建设，主要包括数字化模型仿真建设，纸箱包装数字生产线和智能生产线同步运行两个方面。依托智能制造数字化设计仿真平台（SmartFactoty Bulider，SFB-factory）构建涉及三维模型设计、端口控制、执行器与传感器选择、电气输入/输出（I/O）资源配置以及 PLC 编程等相关任务。

纸箱包装数字生产线以纸箱包装智能生产线为模板，建立基于纸箱成形结构、整包结构、封包结构的三维模型，并添加生成器、消失器、传感器等元素作为执行机构，设置各执行机构的位执行和位反馈端口，通过数据映射、信号连接、程序编译、运行调试实现各模型之间的联动运行，依据上述内容完成开箱结构、封装结构、整箱结构虚拟仿真调试的相关任务；同时，通过局域网设置，访问智能生产线 PLC 信号数据，实现纸箱数字生产线和智能生产线之间的同步运行，依据上述内容形成数智产线同步运行的相关任务。

3.2　开箱结构虚拟仿真调试

3.2.1　开箱结构模型属性

3.2.1.1　模型列表

开箱结构模型列表中主要包括进装箱线_包装线、电控柜支架和警示灯三部分。

（1）进装箱线_包装线代表智能生产线中的纸箱成型机，在进装箱线_包装线下包含纸箱生成器、纸箱半成品加工区域，纸箱生成器主要用来生成未折叠的纸板，代表纸箱生成器中人工添加的纸板。纸箱半成品加工区域是加工被吸盘拉开的底部未封口的半成品纸箱，如图3-1所示。

▲ 📦 **进装箱线_包装线**		**315**
📦 纸箱生成器		8
📦 纸箱半成品加工区域		16

图3-1　进装箱线_包装线模型及列表

（2）电控柜支架代表智能生产线上电情况，控制柜操作面板及按钮间停复启相关功能。模型中，电控支架下有多个安装点，安装点在数字生产线中的作用，可以保证安装点下的各模型与主模型之间形成父子关系，整合为一个整体模型，方便调整和信号控制。其安装点下主要安装电控柜，电控柜下安装电源指示灯、上电旋钮、单机/联调旋钮、启动旋钮、停止旋钮、复位旋钮、急停旋钮，以上按钮的功能与实际电控柜中按钮功能基本相似，如图3-2所示。

（3）警示灯主要包括红色、黄色、绿色三种颜色。与实际智能生产线警示灯相同，红

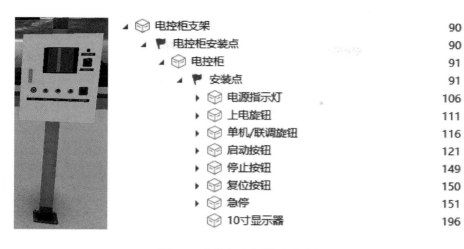

图 3-2　电控柜支架模型及列表

色代表故障灯，黄色代表警示灯，绿色代表运行灯。

3.2.1.2　属性设置

A　进装箱线_包装线属性设置

选中"进装箱线_包装线"模型，单击"属性"会显示进装箱线_包装线的各属性，各属性主要功能和设置途径如下。

（1）位置属性是每个模型都具有的，是指该模型处在场景中的位置，主要有 X、Y、Z、RX、RY、RZ 坐标，更改其位置可在此处做数字更改，场景中的位置会发生相应改变。本项目中，X 坐标设置为-990.0，说明相对于基准点水平位置发生变化，其余方向位置均不变，如图 3-3 所示。

（2）元素属性下有"取箱机构""推箱机构"，可以通过调整速度、起始点、结束点设置取箱、推箱机构的运动效果。本项目中，设置取箱机构速度值为 300，起始点为 0，结束点为 1；推箱机构速度值为 100，起始点为 0.1，结束点为 1.3。

注意：起始点和结束点的值为运行距离占机构长度的比例，不代表实际长度，如图 3-3 所示。

位置		元素	
		▲ 取箱机构	
		速度	300
X	-990.0	起始点	0
Y	0.0	结束点	1
Z	0.0	▲ 推箱机构	
RX	0.0	速度	100
RY	0.0	起始点	0.1
RZ	0.0	结束点	1.3

图 3-3　进装箱线_包装线模型位置和元素属性

（3）装配属性下，有"吸盘""推箱机构"，可以通过"装配规格""精确装配"设置吸盘和推箱机构的动作对象。装配规格用于标识此模型是否可以装配（吸附/加持等动作）其他模型，如果为空，则不能装配；如果为＊，则允许装配任何模型；如果为具体的规格（如tool），则只能装配模型的被装配规格与其匹配的模型。例如，本项目中装配规格填写"＊"，代表装配规格任何类型均可以。精确装配可以通过"是否勾选"来选择，在该模型中"未勾选"，即不需要精确装配。

选中"进装箱线_包装线"模型下的"纸箱生成器"，会显示"生成器""生成器运行隐藏"属性。通过"工件ID""生成间隔"可以设置生成器的生成对象及每次生成对象之间的时间间隔，如图3-4所示。各属性主要功能和设置途径如下。

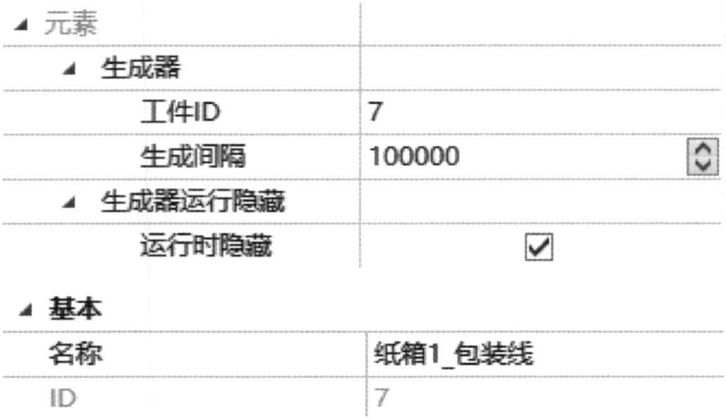

图 3-4　纸箱生成器元素属性

（1）该模型下其生成对象为纸板的ID，通过查阅发现，ID值填写为"7"，生成间隔为"100000"秒，时间间隔长短按照生产线对纸板的需求来设置时间，一般为大于该生产线运行的时间。

（2）通过"勾选"运行时隐藏，可以在运行生产线时生成器处于隐藏状态，但不影响生成器工作。

选中"进装箱线_包装线"模型下的"纸箱半成品加工区域"，它是用户制作机床类设备用到的组件，用于加工（替换）工件，重点是配置好检测规格。各属性主要功能和设置途径如下。

（1）其"元素"属性下有"加工设备""加工区域"，可以通过设置"加工时长"和"成品工件"调整加工设备属性。"加工时长"可以根据工作流程进行自定义修改，本项目中设置"加工时长"为"500"，单位默认为"S"。单击"成品工件"右侧"+"按钮，可以完成工件成品的添加，主要含有添加后自动生成的机加工程序"序号"和"工件ID"两项内容。例如，在本项目中添加了"［0］　14"，即添加了0号机加工程序，对应14号（ID）工件，经模型列表核对，其为成型未封装的纸箱。"加工区域"属性可以通过勾选"运行时隐藏"，当运行时界面不会显示加工区域，但不影响半成品纸箱的加工，如图3-5所示。

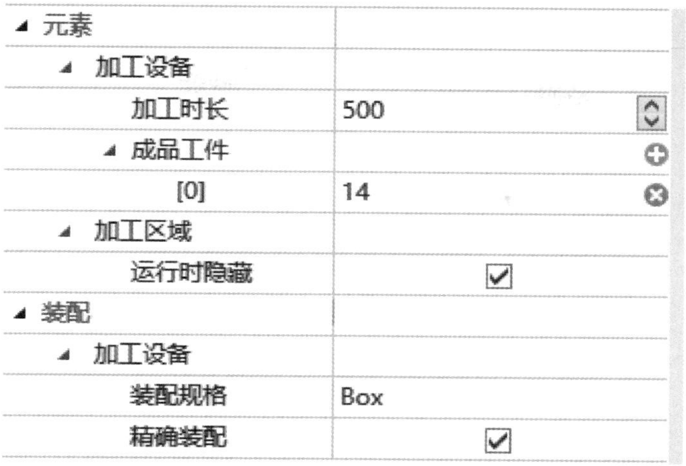

图 3-5　纸箱半成品加工区域元素和装配属性

（2）其"装配"属性下，有"加工设备"，可以通过"装配规格""精确装配"设置加工过程中需装配的对象和是否需要精确装配。例如，在本项目中，装配规格为"Box"，并勾选精确装配，精确装配使能后，被装配对象模型将被精确定位，如图 3-5 所示。

　　B　电控柜模型属性设置

　　选中"电控柜支架"下各安装点，直至"电控柜"各模型，单击"属性"，位置可在同一安装点下，通过"X、Y、Z、RX、RY、RZ"坐标进行调整。各模型元素功能属性有所不同，见表 3-1。

表 3-1　电控柜各模型功能属性

模型名称	功 能 属 性
电源指示灯	指示灯通常用于反映电路的工作状态（有电或无电）、电气设备的工作状态（运行、停运或试验）和位置状态（闭合或断开）等。 元素属性："指示灯颜色：Red"有多种颜色可选，与实际设备相符
上电旋钮	上电旋钮用于给设备通电。 元素属性："两挡旋钮开关 按键类型：常开自锁"，还有常开自复位、常闭自复位、常开自锁、常闭自锁选项可选
单机/联调旋钮	单机/联调旋钮用于单机运行，联调运行的切换。 元素属性："两挡旋钮开关 按键类型：常开自锁"，还有常开自复位、常闭自复位、常开自锁、常闭自锁选项可选
启动旋钮	启动旋钮用于产线运行启用功能。 元素属性：1."两挡旋钮开关 按键类型：常开自复位"； 2."按钮灯颜色：Green"
停止旋钮	停止旋钮用于产线运行停止功能。 元素属性：1."两挡旋钮开关 按键类型：常开自复位"； 2."按钮灯颜色：Red"

模型名称	功 能 属 性
复位旋钮	复位旋钮用于产线运行复位功能。 元素属性：1. "两挡旋钮开关 按键类型：常开自复位"； 2. "按钮灯颜色：Yellow"
急停旋钮	急停旋钮用于紧急情况下产线运行停止功能。 元素属性："急停 按键类型：常闭自锁"

C 警示灯模型属性设置

在数字生产线中，模型的属性是各模型完成相关功能的基础，在开箱结构模型中，选中"警示灯"模型，单击右下角"属性"工具栏，可以显示"警示灯"的属性。除位置参照前序环节进行设置外，元素属性下故障灯、警告灯、运行灯颜色可以设置，其中共有9种颜色可选。例如，本项目中选择"故障灯-颜色：Red""警告灯-颜色：Yellow""运行灯-颜色：Green"。

3.2.2 开箱结构模型端口调试

端口调试是指按照开箱结构运行的工作流程，通过手动控制各模型的端口，厘清各模型控制端口位执行与位反馈之间的关系。其中，位控制端口普遍存在各模型中，位反馈点只在模型位置发生运动时用来标注起始点或结束点，以及执行结果反馈所用，不普遍存在。开箱结构端口调试主要分为"进装箱线_包装线"下各模型协调运行为目标的端口调试、电控柜安装点下各按钮指示灯指示控制端口调试，以及警示灯红黄绿三色警示控制端口调试三个方面。

（1）进装箱线_包装线端口调试。根据模型列表可知，"进装箱线_包装线"下含有"纸箱生成器"和"纸箱半成品加工区域"。数字设计平台中，一般将端口设置在各模型下。各模型下的位控制点位_反馈点（见表 3-2），经过端口调试后，各模型之间协调运行步骤如下。

表 3-2 进装箱线各模型端口（位_控制和位_反馈）

模型名称	位_控制	位_反馈
"进装箱线_包装线"模型	滚筒线_使能	
	滚筒线_方向	
	取箱机构_使能	
	取箱机构_方向	取箱机构_起始点 取箱机构_结束点
	吸盘_控制	吸盘_吸附状态
	推箱机构_控制	推箱机构_起始点 推箱机构_结束点

模型名称	位_控制	位_反馈
纸箱生成器模型	生成器_控制	
纸箱半成品加工区域	加工设备_启动请求	加工设备_加工中 加工设备_加工完成

1）选中"进装箱线_包装线"下"纸箱生成器"，单击"端口"，进入"位_控制"栏目，勾选"生成器_控制"，回到主界面，观察生产线模型中是否有纸板生成，完毕后取消勾选"生成器_控制"，以免纸箱一直处于生成状态。

2）选中"进装箱线_包装线"，勾选"位_控制"栏目下"取箱机构使能""取箱机构方向"，"位_反馈"栏目下取箱机构"起始点"状态自动变换为取箱机构"结束点"，表明取箱机构伸出，观察生产线模型中取箱机构运动至纸板位置。

3）执行步骤2）的同时，勾选"吸盘控制"，吸盘自动变换为"位_反馈"栏目下"吸盘-吸附"状态。

4）执行步骤3）的同时，取消"取箱机构方向"，"位_反馈"栏目下取箱机构"结束点"状态自动变换为取箱机构"起始点"，观察观察生产线模型中取箱机构连同模型回到起始点。

5）选中"进装箱线_包装线"下"纸箱半成品加工区域"，勾选"位_控制"栏目下"加工设备_启动请求"，观察纸箱半成品加工区域生成纸箱半成品。

6）选中"进装箱线_包装线"，取消"吸盘控制"，勾选"推箱机构控制"，"位_反馈"栏目下推箱机构"起始点"状态自动变换为推箱机构"结束点"，表明推箱机构到位，观察生产线模型中推箱机构推送纸箱半成品至滚筒边沿，勾选"滚筒线_使能"和"滚筒线_方向"，取消"取箱机构_使能"，选中"进装箱线_包装线"下"纸箱半成品加工区域"，取消"加工设备_启动请求"，观察纸箱半成品随滚筒线运行。

（2）电控柜指示控制端口调试。电控柜下含有电源指示灯、上电旋钮、单机/联调旋钮、启动旋钮、停止旋钮、复位旋钮、急停端口控制方式等，见表3-3。其各模型之间协调运行步骤如下。

表3-3 电控柜各模型端口（位_控制和位_反馈）

模型名称	位_控制	位_反馈
电源指示灯	指示灯_控制	
上电旋钮	两挡旋钮开关_输出	
单机/联调旋钮	两挡旋钮开关_输出	
启动旋钮	按钮灯_控制	按钮_输出
停止旋钮	按钮灯_控制	按钮_输出
复位旋钮	按钮灯_控制	按钮_输出
急停	急停_输出	

1）选中"电控柜"安装点下的"电源指示灯"模型，勾选"指示灯_控制"，电控柜上的电源指示灯变亮，取消勾选后，指示灯恢复原来的颜色。

2）选中"上电旋钮""单机/联调旋钮"模型，勾选"两挡旋钮开关_输出"可以控制生产线的上电和单机/联调功能。

3）选中"启动旋钮""停止旋钮""复位旋钮"模型，勾选"按钮灯_控制"，启动灯、停止灯、复位灯显示相应的颜色。以上三类按钮存在"按钮_输出"位反馈，说明可作为信号控制生产线运行的其余动作。

4）选中"电控柜"安装点下的"急停"模型，勾选"急停_输出"，生产线急停动作执行。

（3）警示灯警示控制端口调试警示灯位_控制端口见表3-4。其运行步骤为：选中"警示灯"模型，单击"端口"，显示"故障灯_控制"，"警告灯_控制"，"运行灯_控制"，可以分别控制生产线上红、黄、绿三色警示灯运行。

表 3-4　警示灯位_控制端口

模型名称	位_控制
警示灯	故障灯_控制
	警告灯_控制
	运行灯_控制

通过以上分模型协调运行端口调试，可以熟悉开箱结构的工作流程，明确各模型下位控制与位反馈之间的关系，为建立 SFB 与控制器之间信号的输入输出关系奠定基础。

3.2.3　开箱结构模型数据映射

数据映射是指 SFB 与外部设备之间建立通信。其中，SFB 是指在 SFB 数字设计平台中建立的生产线模型，外部设备是指虚拟 PLC，也可以是虚拟机器人或者其他的虚拟设备。在主界面下，选择"信号"，进入"数据映射"界面，通过先添加设备模型，再添加信号的方法进行"数据映射"。其中，添加信号的主要作用有两个方面：一方面是外部设备信号到 SFB 信号量映射，实现外部设备与 SFB 通信和数据交互的准备工作；另一方面是 SFB 信号量到模型端口映射，实现 SFB 内部模型与外部设备通信的准备工作。

A　添加设备

以添加的设备为"S7-1200"为例，具体方法为：单击"模板"，下拉选项中找到"S7-1200-PLC"，单击"添加"，表格中显示成功添加的虚拟 PLC 设备。如果模板中不存在需要的虚拟设备，可以通过单击"添加"，进入"设备属性"界面，填写"设备名称""通信协议""接口类型""设备地址""网络端口""IP 地址"等信息自行添加，如图 3-6 所示。

B　添加信号

选中已经添加的虚拟设备文本框，进入虚拟设备信号界面，单击"添加"，可以添加信号的相关信息。以在虚拟 PLC 中添加输入信号 I0.1 为例，添加"地址名称"为"I0.1"，传输方向选择"SFB→设备"，地址类型选择"I（位宽：8，操作：读/写）"，

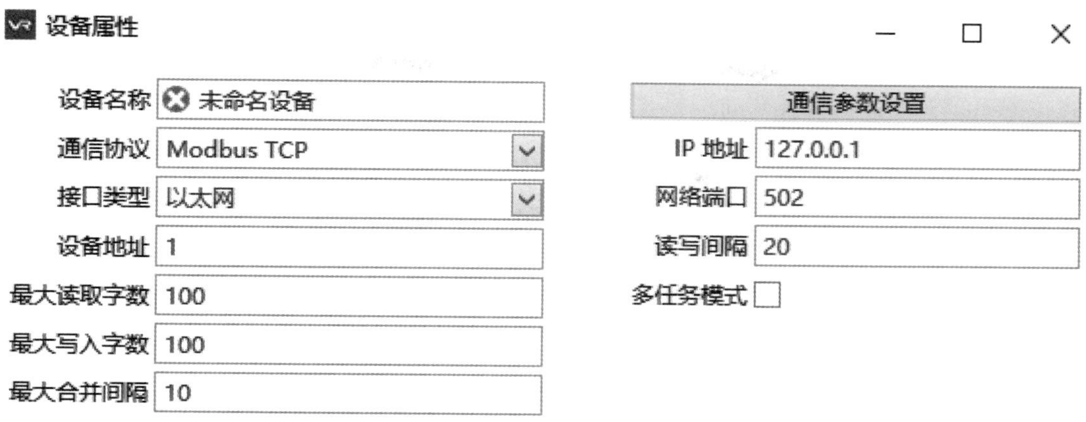

图 3-6 数据映射——"添加设备"界面

访问类型选择"位",地址为"0",位索引为"1",SFB 信号类型选择"开关量",SFB
信号索引,即信号量自定义为"101",数据类型选择"布尔",数据转换选择"不转换",
数据处理选择"直接处理",单击"确定",则添加输入信号 I0.1 完成。在虚拟 PLC 中添加输
出信号 Q0.1 的方法与上述类似,只是在传输方向中选择"设备→SFB",如图 3-7 所示。

图 3-7 数据映射——"添加信号"界面

通过数据映射，添加了虚拟设备与 SFB 之间相互通信的输入输出信号，除此以外，还规定了每个输入输出信号所对应的 SFB 模型中的信号量，通过改变信号量的值（0 或者 1）可以为手动调试运行打下基础。

3.2.4 开箱结构模型信号连接

3.2.4.1 开箱结构 PLC 的 I/O 分配

信号连接是在端口调试和数据映射基础上，明确输入输出信号之间的控制关系，将各信号进行连接，信号关系表和信号连接图是其主要的表示方式。端口调试明确了各模型端口位控制与位反馈之间的关系，初步建立端口之间的信号逻辑。

数据映射添加了虚拟的 PLC 设备，同时添加了虚拟 PLC 设备的输入输出信号和 SFB 模型中的信号索引（信号量）供信号连接时匹配使用。结合端口调试过程中，各模型端口下的位控制与位反馈类型，建立开箱结构 SFB 模型与 PLC 控制器之间的输入输出关系。开箱结构 PLC 的 I/O 分配表见表 3-5。

表 3-5 开箱结构 PLC 的 I/O 分配表

端口类型	端口索引	反馈端口（输出控制其他模型）	控制端口（接收其他模型输出）
开关量	100	场景模型-启动按钮［121］-按钮-输出	外部设备-S7-1200-I0.0
开关量	101	场景模型-停止按钮［149］-按钮-输出	外部设备-S7-1200-I0.1
开关量	102	场景模型-复位按钮［150］-按钮-输出	外部设备-S7-1200-I0.2
开关量	103	场景模型-单机/联调旋钮［116］-两挡旋钮开关-输出	外部设备-S7-1200-I0.3
开关量	104	场景模型-急停［151］-急停-输出	外部设备-S7-1200-I0.4
开关量	130	场景模型-进装箱线_包装线［315］-取箱机构-起始点	外部设备-S7-1200-I4.0
开关量	131	场景模型-进装箱线_包装线［315］-取箱机构-结束点	外部设备-S7-1200-I4.1
开关量	132	场景模型-进装箱线_包装线［315］-吸盘-吸附状态	外部设备-S7-1200-I4.2
开关量	133	场景模型-进装箱线_包装线［315］-推箱机构-起始点	外部设备-S7-1200-I4.3
开关量	134	场景模型-进装箱线_包装线［315］-推箱机构-结束点	外部设备-S7-1200-I4.4

端口类型	端口索引	反馈端口（输出控制其他模型）	控制端口（接收其他模型输出）
开关量	135	场景模型-纸箱半成品加工区域[16]-加工设备-加工完成	外部设备-S7-1200-I4.5
开关量	150	外部设备-S7-1200-Q0.0	场景模型-启动按钮[121]-按钮灯-控制 场景模型-警示灯[329]-运行灯-控制
开关量	151	外部设备-S7-1200-Q0.1	场景模型-停止按钮[149]-按钮灯-控制 场景模型-警示灯[329]-故障灯-控制
开关量	152	外部设备-S7-1200-Q0.2	场景模型-复位按钮[150]-按钮灯-控制 场景模型-警示灯[329]-警告灯-控制
开关量	177	外部设备-S7-1200-Q4.0	场景模型-进装箱线_包装线[315]-滚筒线-使能
开关量	178	外部设备-S7-1200-Q4.1	场景模型-纸箱生成器[8]-生成器-控制 场景模型-进装箱线_包装线[315]-取箱机构-方向
开关量	179	外部设备-S7-1200-Q4.2	场景模型-进装箱线_包装线[315]-吸盘-控制
开关量	180	外部设备-S7-1200-Q4.3	场景模型-进装箱线_包装线[315]-推箱机构-控制
开关量	181	外部设备-S7-1200-Q4.4	场景模型-纸箱半成品加工区域[16]-加工设备-启动请求

按照添加信号的步骤，可以添加地址名称为"I0.0-I0.4""I4.0-I4.5"，传输方向选择"SFB→设备"的输入信号；地址名称为"Q0.0-I0.2""Q4.0-I4.4"，传输方向选择"设备→SFB"的输出信号。以"I0.0"为例，它表示场景模型"按钮"的输出，为虚拟S7-1200-PLC设备的输入信号；以"Q0.0"为例，它表示场景模型"启动按钮-按钮灯"及"警示灯-运行灯"的输入，为虚拟S7-1200-PLC设备的输出信号，这说明Q0.0同时控制"按钮灯"和"运行灯"两盏灯的亮灭。

3.2.4.2 开箱结构信号连接

在上述信号连接关系基础上，可以通过信号连接图完成各信号起始点和结束点的连接，具体步骤如下。

（1）在 Smart Factory Builder（SFB）中单击"信号-信号连接图"，打开"新建"，输入"名称"，单击"确定"。

（2）进入"信号模型"工具栏，依次将外部设备、场景模型、信号组件拖入画图界面。以开箱结构为例，外部设备为"S7-1200-PLC"，场景模型为"进装箱线-包装线""纸箱生成器""纸箱半成品加工区域""启动按钮""停止按钮""复位按钮""单机/联调按钮""急停"。

（3）依据"进装箱线-包装线 PLC 的 I/O 分配表"对 PLC 的输入输出端口进行连接。以"I0.0"为例，其代表场景模型启动按钮的输出，也代表虚拟 S7-1200-PLC 设备的输入端口，在场景模型"启动按钮"和虚拟 S7-1200-PLC "I0.0"之间连接一条信号线即可。信号线上会自动标注端口索引，即信号量。例如，"I0.0"对应的信号量为"100"，进行虚拟仿真调试时，可以通过信号量设置或者读取开关量数值，调试程序是否按照信号逻辑进行控制，最终满足工艺要求。

3.2.5　开箱结构运行编译思路

结合前序环节的学习，已经完成开箱结构模型设置、端口调试、数据映射和信号连接，下面结合工艺流程，进行程序编译，以达到 PLC 自动控制开箱结构模型运行的要求。

（1）上电旋钮、单机/联调旋钮分别控制生产线的上电和单机/联调，"启动""停止""复位"模型，控制启动灯、停止灯、复位灯显示相应的颜色，"急停"控制急停动作执行。

（2）纸箱生成器生成纸板，取箱机构使能，取箱机构由起始点运动至结束点，取箱机构伸出，吸盘执行吸附动作。取箱机构连同模型反向动作，由结束点运动至起始点。

（3）纸箱半成品加工区域生成纸箱半成品，吸盘吸附完成，推箱机构动作，由起始点运动至结束点，推送纸箱半成品至滚筒边沿，滚筒线使能，纸箱随滚筒线运动。

3.2.6　开箱结构模型调试运行

3.2.6.1　通信连接测试

（1）用博图软件，打开程序文件的情况下，完成两处设置。

1）PLC_1（CPU 1214C /DC/DC/DC）下的设备组态，用鼠标双击 PLC 图片，单击 DI14/DQ10 下的数字量输出 I/O 地址，起始地址为 0，结束地址为 1 的情况下，组织块选择"无"，因为此处为虚拟的 PLC。

注意：当使用实际 PLC 设备时，组织块需要选择"自动更新"。

2）用鼠标右键单击 test 下的属性，选择［保护］，选择"块编译时支持仿真"，单击确定。

（2）博图界面单击"启动仿真"，进入"扩展下载到设备"页面，单击"开始搜索"，选中"CPU-1200 Simulation"单击"下载"至"完成"。单击 PLCsim 开关，单击

"RUN"，待 RUN/STOP 前的按钮变绿，则仿真器运行成功。

（3）先关闭西门子仿真器，再打开"NetToPLCsim"，单击"add"进入"station"页面，修改"Network IP Address"为"127.0.0.1"；单击"plcsim address"后的"…"自动搜索 CPU-1200 Simulation 的地址"192.168.0.1"。单击"start server"。

（4）打开 SFB 下的"信号"，单击"数据映射"，勾选设备 S7-1200 前的"□"，待该条目所有内容变为灰色，单击测试，显示"通信连接测试成功"。

3.2.6.2　虚拟仿真运行调试

（1）操作控制柜，依次按"急停""停止""复位""开始"。

（2）进箱线按照开始生成平纸板，吸取平纸板，拉伸成形，纸箱封底，推进器推进，滚轮带动纸箱前进，进入下一环节，依次运行。

（3）运行调试完毕，按界面"停止"键，模型设备回到初始状态。

3.2.7　作业：故障排查思考

工作人员小王在数据映射过程中，添加了信号 I0.1，其添加信号后，写入数据测试显示："设备网络连接失败"，未实现写入数值，如图 3-8 所示。

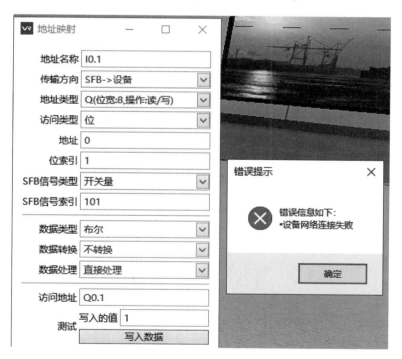

图 3-8　I0.1 数据映射故障

请按照 3.2.3 节开箱结构模型数据映射的相关知识，检查设备模型之间的通信，检查添加信号的内容，确定故障原因，并正确解除。故障排查工作单见表 3-6。

表 3-6　故障排查工作单

姓名：				学号：	
故障名称：				日期：	
序号	故障器件		原因描述		解除措施
1	地址映射	地址名称：		地址名称：	
		传输方向：		传输方向：	
		地址类型：		地址类型：	
		访问类型：		访问类型：	
		地址：		地址：	
		SFB 信号类型		SFB 信号类型	
		SFB 信号索引		SFB 信号索引	
		读取数据测试：		读取数据测试：	
设备通信概况：					

3.3　封装结构虚拟仿真调试

3.3.1　封装结构模型属性

3.3.1.1　模型列表

封装结构模型列表中主要包括装箱流水线_包装线、封包机_包装线和转向流水线_包装线三部分。

（1）装箱流水线_包装线代表智能生产线中的滚筒线定位环节，在装箱流水线_包装线下包含装箱线定位气缸_包装线模型。装箱线定位气缸_包装线模型代表实际智能生产线上定位气缸阻挡纸箱环节，主要用来定位在滚筒线上运行的纸箱停止一段时间，待完成机器人搬运产品入箱动作完成后，纸箱可以继续在滚筒线上运行，如图3-9所示。

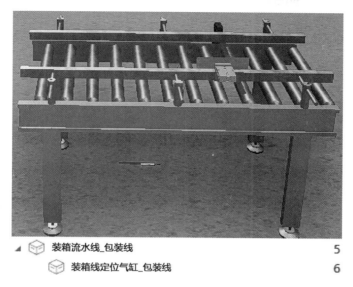

| ▲ ▢ 装箱流水线_包装线 | 5 |
| ▢ 装箱线定位气缸_包装线 | 6 |

图3-9 装箱流水线_包装线模型及列表

（2）封包机_包装线代表智能生产线上的封包机机构，实际智能生产线中，它用来封装上游环节装配过产品的纸箱，主要采用胶带对其进行上表面封口动作。模型中，主要包含纸箱成品加工区域、封包到位传感器、消失器XS三种模型。纸箱成品加工区域主要用于产生纸箱成品，代表实际生产线中封包机结构中胶带封装完成的纸箱成品，这里仅有相同的功能，但作用原理与实际产线有所区别。封包到位传感器主要用于检测半成品纸箱在滚筒线上运行是否到位，代表实际生产线中滚筒线上安装红外传感器，作用原理基本相同。消失器XS主要用于将半成品纸箱消失，为生成纸箱成品做准备，在实际生成线中不含有该结构，仅用于模型中信号的传递，如图3-10所示。

▲ ▢ 封包机_包装线	1
▢ 纸箱成品加工区域	325
▢ 封包到位传感器	373
▢ 消失器XS	404

图3-10 封包机_包装线模型及列表

（3）转向流水线_包装线模型代表智能生产线上的转向机构，其应用比较广泛，主要作用是带动产品在生产线上运行时转变方向，实际产线中，需要伺服电机带动。在数字化设计平台中，需要组件管理等控制其运行，如图 3-11 所示。

▲ 🗊 转向流水线_包装线	403
▲ 🚩 传感器安装点	403
🗊 转向位置到位传感器	89

图 3-11 转向流水线_包装线模型及列表

3.3.1.2 属性设置

罗列了"装箱流水线_包装线"及其模型中"装箱线定位气缸_包装线"在场景中的位置，"封包机_包装线"及其模型中"纸箱成品加工区域""封包到位传感器""消失器 XS"在场景中的位置，"转向流水线_包装线"在场景中的位置，见表 3-7。

表 3-7 封装结构模型位置

模型名称	X	Y	Z	RX	RY	RZ
装箱流水线_包装线	0.0	0.0	0.0	0.0	0.0	0.0
装箱线定位气缸_包装线	−180.0	210.0	684.0	0.0	0.0	−90.0
封包机_包装线	1490.0	0.0	0.0	0.0	0.0	0.0
纸箱成品加工区域	−87.4	0.0	613.5	0.0	0.0	0.0
封包到位传感器	−423.1	214.9	714.3	0.0	0.0	−90.0
消失器 XS	−329.5	10.2	617.4	0.0	0.0	0.0
转向流水线_包装线	2686.8	0.0	0.0	0.0	0.0	0.0

模型位置由 X、Y、Z、RX、RY、RZ 六者确定，其中 X、Y、Z 是相对于安装点而言，分别代表水平、垂直、垂直水平面的坐标，RX、RY、RZ 是相对于安装工具本身而言的坐标。当勾选位置下复位按钮时，模型坐标会复位至未安装时的坐标，因此，一般需要模型与安装模型整合为一个整体时，这就是模型安装与未安装的区别之一。

对比上述位置信息，说明在封装结构模型中，所有模型的场景位置均以装箱流水线_包装线模型位置为基准点。封包机_包装线作为下游环节流水线，水平方向 X 变换至1490.0 坐标处，其余坐标不变。"转向流水线_包装线"模型位置 X＝2686.8，其余坐标为0，这说明仅 X 坐标相对基准点发生变化，其余坐标不变。以"装箱流水线_包装线"模型下安装的"装箱线定位气缸_包装线"模型为例，其 X、Y、Z 位置均发生变化，其中X＝−180.0代表其水平方向位置在装箱流水线_包装线中心位置负方向 180 坐标处，

Y=210.0代表其垂直方向位置在装箱流水线_包装线正方向 210.0 坐标处，Z=684.0代表其垂直 XY 面上距离基准点的高度为 684。RZ=−90.0 代表工具坐标沿 Z 轴方向逆向旋转 90°，这与工具模型本身的安装角度有关。其余模型位置数据变化，可参照上述案例综合理解。

（1）装箱流水线_包装线属性设置。选中"装箱流水线_包装线"模型，单击"属性"会显示进装箱线_包装线的各属性，各属性主要功能和设置途径如下。

1）位置属性是每个模型都具有的，是指该模型处在场景中的位置，主要有 X、Y、Z、RX、RY、RZ 坐标，更改其位置可在此处做数字更改，场景中的位置会发生相应改变。

2）元素属性下有"阻挡气缸"，可以通过调整速度、起始点、结束点设置阻挡气缸的运动效果。本案例中，阻挡气缸速度值为 300，推箱机构速度值为 100，起始点结束点的取值范围均为 0~1。

选中"装箱流水线_包装线"模型下的"装箱线定位气缸_包装线"，其"元素"属性下有"气缸"，可以通过设置"速度、起始点、结束点"，调整气缸设备的属性。例如，本项目中，设置"速度"为"50"，单位默认为"mm/s"，设置"起始点"为 0.1，设置"结束点"为 1。其"装配"属性下，有"气缸"，可以通过"装配规格""精确装配"设置装配过程中需装配的对象和是否需要精确装配。例如，在本项目中，装配规格为"*"，未勾选精确装配，被装配对象模型不需要被精确定位。

（2）封包机_包装线模型属性设置。选中"封包机_包装线"模型下的"纸箱成品加工区域"，它是用户制作机床类设备用到的组件，用于加工（替换）工件，重点是配置好检测规格。"封包机_包装线"模型下，包含"封包到位传感器"，它是安装在滚筒线上的器件模型。各属性主要功能和设置途径如下。

1）其"元素"属性下有"加工设备""加工区域"。可以通过设置"加工时长"，"成品工件"调整加工设备属性。"加工时长"可以根据工作流程进行自定义修改，本项目中设置"加工时长"为"200"，单位默认为"S"。单击"成品工件"右侧"+"按钮，可以完成工件成品的添加，主要含有添加后自动生成的机加工程序"序号"和"工件 ID"两项内容。例如，在本项目中添加了"[0] 15"，即添加了 0 号机加工程序，对应 15 号（ID）工件，经模型列表核对，其为成型已封装的纸箱。"加工区域"属性可以通过勾选"运行时隐藏"，当运行时界面不会显示加工区域，但不影响成品纸箱的加工。

2）其"装配"属性下，有"加工设备"，可以通过"装配规格""精确装配"设置加工过程中需装配的对象和是否需要精确装配。例如，本项目中，装配规格为"Box"，不须勾选精确装配。

（3）转向流水线_包装线模型属性设置。选中"转向流水线_包装线"模型，其下包含传感器安装点，主要用于当纸箱运行至该位置时，检测纸箱是否到位。另外，模型中带有滚筒线，是运行的主要结构。"转向流水线_包装线"属性的主要功能和设置途径如下。

1）其"元素"属性下有"转向机构"。可以通过设置"旋转速度""最大旋转角度""最小旋转角度"调整转向机构属性。本项目中设置"旋转速度"为"100"，单位默认为"mm/s"，可以参照实际转向器的技术参数进行更改。转向器转向角度可以根据实际情况进行设置，项目中的生产线是 90° 转角安装的。因此，设置 "最大旋转角度" 为 "90"，单位为 "度（°）"，可以默认为结束点，"最小旋转角度" 为 "0"，可以默认为起始点。

2）其 "装配" 属性下，有 "纸箱固定"，设置 "纸箱固定" 效果时，主要从 "装配规格" 和是否 "精确装配" 两方面进行设置。装配规格不局限于当前上产品时，可以填写 "∗"，如果局限于当前产品，则需要填写 "BOX" 等名称，并与相应的 ID 匹配。是否 "精确装配" 可参照前序章节的介绍进行设置。

3.3.2 封装结构模型端口调试

封装结构端口调试主要分为 "装箱流水线_包装线" 下各模型协调运行为目标的端口调试、"封包机_包装线" 下各模型协调运行为目标的端口调试两个方面。

3.3.2.1 装箱流水线_包装线端口调试

根据模型列表可知，"装箱流水线_包装线" 下含有 "装箱线定位气缸_包装线"。各模型端口下含有位控制点位反馈点。经过端口调试后，各模型之间协调运行步骤如下，见表 3-8。

表 3-8 进装箱线各模型端口（位_控制和位_反馈）

模型名称	位_控制	位_反馈
装箱流水线_包装线模型	滚筒线_使能	
	滚筒线_方向	
	阻挡气缸_控制	阻挡机构_起始点 阻挡机构_结束点
装箱线定位气缸_包装线模型	气缸_控制	气缸_起始点 气缸_结束点
阻挡位置传感器		漫反射传感器_输出

（1）选中 "装箱流水线_包装线" 模型，单击 "端口"，进入 "位控制" 栏目，分别勾选 "滚筒线_使能" "滚筒线_方向"，回到主界面，观察滚筒线模型是否运动，如果不勾选 "滚筒线_方向"。则会造成滚筒线反向运动，纸箱不能在滚筒线上正常运行的现象。

（2）待纸箱运行至阻挡位置传感器所在位置时，阻挡位置传感器检测到漫反射传感器_输出信号，此时，勾选 "装箱线定位气缸_包装线" 模型下 "气缸_控制" 端口，气缸执行从 "起始点" 到结束点的反馈效果，表明气缸沿 Y 垂直方向推出，可在主界面观察到装箱线定位气缸模型推进并压紧定位纸箱的动作。

（3）执行步骤（2）的同时，选中 "装箱流水线_包装线" 模型，在其端口下勾选 "阻挡气缸_控制"，阻挡气缸自动执行 "位反馈" 下 "气缸_起始点" 到 "气缸_结束点" 的状态，主界面可观察到阻挡气缸由初始位置沿垂直于滚筒线平面（Z 轴）正方向运动，起到阻挡纸箱在滚筒线上的运行的效果，为机器人准确装箱动作做好准备。

（4）在定位气缸和阻挡气缸共同作用下，纸箱被固定在滚筒线上，待机器人装配 5 袋产品后，可依次在 "定位气缸" 模型下取消勾选 "气缸_控制"，"装箱流水线_包装线"

模型下，取消勾选"阻挡气缸_控制"，则气缸定位阻挡动作完成，纸箱在滚筒线上运行至封包环节。

3.3.2.2 封包机_包装线端口调试

"封包机_包装线"模型端口下含有位控制点位反馈点。例如，"滚筒线_使能"和"滚筒线_方向"用来确定滚筒的运行效果。其下的"纸箱成品加工区域"模型，"封包到位传感器"模型见表3-9。经过端口调试后，各模型之间协调运行步骤如下。

表 3-9 封包机_包装线各模型端口（位_控制和位_反馈）

模型名称	位_控制	位_反馈
封包机_包装线模型	滚筒线_使能	
	滚筒线_方向	
	封包机_使能	封包机_起始点
	封包机_方向	封包机_结束点
纸箱成品加工区域	加工设备_启动请求	加工设备_加工中 加工设备_加工完成
封包到位传感器		漫反射传感器_输出

（1）选中"封包机_包装线"模型，单击"端口"，进入"位控制"栏目，分别勾选"滚筒线_使能""滚筒线_方向"，确保滚筒线模型正常运行，勾选"封包机_使能，封包机_方向"，封包机折盖臂与折盖杆一体，在纸箱来向辅助折盖，这与实际产线效果一致。

（2）待纸箱运行至封包到位传感器所在位置时，封包到位传感器检测到"漫反射传感器_输出信号"，此时，选中"封包机_包装线"模型下"纸箱成品加工区域"，勾选"加工设备_启动请求"，位反馈自动执行"加工设备_加工中"，"加工设备_加工完成"效果，观察主界面"纸箱成品加工区域"执行纸箱加工设备动作，生成一个封装好产品的纸箱。

3.3.2.3 转向流水线_包装线端口调试

"转向流水线_包装线"模型下含有位控制点和位反馈点。例如，"转向机构_使能"和"转向机构_方向"等，用来控制转向动作的效果，见表3-10。经过端口调试后，各模型之间协调运行步骤如下。

表 3-10 转向流水线_包装线各模型端口（位_控制和位_反馈）

模型名称	位_控制	位_反馈
转向流水线_包装线模型	转向机构_使能	
	转向机构_方向	转向机构_起始点 转向机构_结束点
	滚筒线_使能	
	滚筒线_方向	
	纸箱固定_控制	纸箱固定_固定状态
转向位置到位传感器		漫反射传感器_输出

（1）待纸箱运行至转向位置到位传感器所在位置时，转向位置到位传感器检测到"漫反射传感器_输出信号"。

（2）选中"转向流水线_包装线"模型，进入"位控制"栏目，"转向机构_使能""滚筒线_使能"已开启，这说明两个模型自动使能。分别勾选"转向机构_方向""滚筒线_方向""纸箱固定_控制"，转向器内滚筒线正常运行，纸箱随转向器由起始点运动至结束点。

3.3.3 封装结构模型数据映射

在前述 3.2 节中已经完成 S7-1200-PLC 设备的添加，这里只需要添加相应的信号即可。按照封装结构 PLC 的 I/O 分配表 3-11，参照 3.2.3 节中的步骤可以添加数据映射关系。添加地址名称为"I4.6，I4.7，I5.0－I5.6"，传输方向选择"SFB→设备"的输入信号；地址名称为"Q4.0，Q4.5，Q4.6，Q4.7""Q5.0－I5.2"，传输方向选择"设备→SFB"的输出信号，其端口索引即为信号量的值。

3.3.4 封装结构模型信号连接

3.3.4.1 封装结构 PLC 的 I/O 分配

结合封装结构端口调试过程中，各模型端口下的位控制与位反馈类型，建立封装结构 SFB 模型与 PLC 控制器之间的输入输出关系，见表 3-11。

表 3-11 封装结构 PLC 的 I/O 分配表

端口类型	端口索引	反馈端口（输出控制其他模型）	控制端口（接收其他模型输出）
开关量	136	场景模型-装箱流水线_包装线［5］-阻挡气缸-起始点	外部设备-S7-1200-I4.6
开关量	137	场景模型-装箱流水线_包装线［5］-阻挡气缸-结束点	外部设备-S7-1200-I4.7
开关量	138	场景模型-装箱线定位气缸_包装线［6］-气缸-起始点	外部设备-S7-1200-I5.0
开关量	139	场景模型-装箱线定位气缸_包装线［6］-气缸-结束点	外部设备-S7-1200-I5.1
开关量	140	场景模型-封包到位传感器［373］-漫反射传感器-输出	外部设备-S7-1200-I5.2
开关量	141	场景模型-纸箱成品加工区域［325］-加工设备-加工完成	外部设备-S7-1200-I5.3
开关量	142	场景模型-转向位置到位传感器［89］-漫反射传感器-输出	外部设备-S7-1200-I5.4 信号组件-与操作-输入2
开关量	143	场景模型-转向流水线_包装线［403］-转向机构-起始点	外部设备-S7-1200-I5.5

端口类型	端口索引	反馈端口（输出控制其他模型）	控制端口（接收其他模型输出）
开关量	144	场景模型-转向流水线_包装线［403］-转向机构-结束点	外部设备-S7-1200-I5.6
开关量	177	外部设备-S7-1200-Q4.0	场景模型-装箱流水线_包装线［5］-滚筒线-使能 场景模型-进装箱线_包装线［315］-滚筒线-使能
开关量	182	外部设备-S7-1200-Q4.5	场景模型-装箱流水线_包装线［5］-阻挡气缸-控制
开关量	183	外部设备-S7-1200-Q4.6	场景模型-装箱线定位气缸_包装线［6］-气缸-控制
开关量	184	外部设备-S7-1200-Q4.7	场景模型-纸箱成品加工区域［325］-加工设备-启动请求
开关量	185	外部设备-S7-1200-Q5.0	场景模型-转向流水线_包装线［403］-转向机构-方向
开关量	186	外部设备-S7-1200-Q5.1	场景模型-转向流水线_包装线［403］-滚筒线-使能
开关量	187	外部设备-S7-1200-Q5.2	场景模型-转向流水线_包装线［403］-滚筒线-方向 信号组件-位反转操作-输入
开关量	1	信号组件-位反转操作-输出	信号组件-与操作-输入1
开关量	2	信号组件-与操作-输出	场景模型-转向流水线_包装线［403］-纸箱固定-控制

3.3.4.2 封装结构信号连接

在上述信号连接关系基础上，可以通过信号连接图完成各信号起始点和结束点的连接。其具体步骤如下。

（1）在 Smart Factory Builder（SFB）中单击"信号-信号连接图"，打开"新建"，输入"名称"，单击"确定"。

（2）进入"信号模型"工具栏，依次将外部设备、场景模型、信号组件拖入画图界面。以封装结构为例，外部设备为"S7-1200-PLC"，场景模型为"装箱流水线_包装线""装箱线定位气缸_包装线模型""阻挡位置传感器""封包机_包装线模型""纸箱成品加工区域""封包到位传感器""位反转"组件、"与操作"组件。

（3）依据"封装结构PLC的I/O分配表"对PLC的输入输出端口进行连接，其中位反转、与操作的使用在后续3.3.7节中进行详细介绍。

3.3.5 封装结构运行编译思路

结合前序环节的介绍，已经完成封装结构模型设置、端口调试、数据映射和信号连接，依据工艺流程，建立信号逻辑进行程序编译，以达到 PLC 自动控制封装结构模型运行的要求。其主要编译思路为：

（1）进装箱线_包装线中，滚筒线–使能信号启动，纸箱随滚筒线运行；

（2）阻挡位置传感器检测到纸箱，装箱流水线_包装线［5］–阻挡气缸–起始点启动，阻挡气缸执行控制动作；

（3）定位气缸起始点、结束点信号输入，定位气缸执行定位控制动作，待机器人装配工作完成；

（4）定位气缸回到起始点，阻挡气缸回到起始点，纸箱随滚筒线运行至封包环节；

（5）封包到位传感器检测到纸箱信号，消失器执行半成品纸箱消失动作，同时控制纸箱成品加工区域生成纸箱成品；

（6）成品纸箱运行至转向器位置，漫反射传感器检测到成品纸箱，纸箱与转向器共同转向。

3.3.6　封装结构模型调试运行

3.3.6.1　通信连接调试

（1）用博图软件，打开程序文件，单击"启动仿真"，进入"扩展下载到设备"页面，单击"开始搜索"，选中"CPU-1200 Simulation"单击"下载"至"完成"。

（2）单击 PLCsim 开关，单击"RUN"，待 RUN/STOP 前的按钮变绿，则仿真器运行成功。

（3）先关闭西门子仿真器，再打开"NetToPLCsim"，单击"add"进入"station"页面，修改"Network IP Address"为"127.0.0.1"；单击"plcsim address"后的"…"自动搜索 CPU-1200 Simulation 的地址"192.168.0.1"；单击"start server"。

（4）打开 SFB 下的"信号"，单击"数据映射"，勾选设备 S7-1200 前的"□"，待该条目所有内容变为灰色，单击测试，显示"通信连接测试成功"。

3.3.6.2　虚拟仿真运行调试

（1）操作控制柜，依次按"急停""停止""复位""开始"。

（2）进箱线按照开始生成平纸板，吸取平纸板，拉伸成形，纸箱封底，推进器推进，滚轮带动纸箱前进。

（3）纸箱随滚筒线运行，阻挡气缸、定位气缸执行动作，待机器人装配完成后，阻挡气缸、定位气缸回归原位，纸箱运行完成封包，运行至转向器完成转向，准备进入下一环节。

（4）运行调试完毕，按界面"停止"键，模型设备回到初始状态。

3.3.7　作业：故障排查思考

案例：工作人员小王在调试转向器时，发生转向器动作，纸箱无法一起转向而发生歪斜的现象，经检查，"转向流水线_包装线"模型中涉及转向器到位信号和滚筒线方向信号同时控制转向器运行，在 SFB 数字化设计平台中，需要单击"信号"下的"组件管理"，在其下拉选项中选择"位反转操作"和"与操作"进行设置。

（1）位反转操作，其目的是实现对模型动作的反转，这里转向流水线滚筒线_方向信号需要添加位反转操作。位反转操作需要在使能、输入索引（开关量）、输出索引（开关量）三方面进行设置（见图 3-12），名称可以按照需要进行改写，其主要使用方法如下。

◢ 基本		
组件类型	位反转操作	☐
名称	位反转操作	■
使能	☑	■
◢ 输入		
输入索引(开关量)	-1	■
◢ 输出		
输出索引(开关量)	-1	■

图 3-12　位反转操作界面

1）勾选"使能"，说明使能后，才可以执行位反转动作；反之，则不需要使能，可以自动执行位反转动作。

2）输入索引（开关量）是当模型需要执行位反转动作时，设置该处输入索引为模型的端口信号量，默认值为-1。例如，填写输入信号索引为"181"，信号连接图中，添加位反转组件，输入信号索引显示为 181。

3）输出索引（开关量）是位反转组件的输出索引，默认值为-1. 例如，填写输出索引为"1"等数字，则位反转组件输出索引为 1。信号连接图中，添加位反转组件，输出信号索引显示为 1。

（2）与操作，其目的是实现两种输入信号同时控制运行。控制转向器运行需要的信号包括转向器到位传感器信号和转向流水线滚筒线-方向信号。与操作需要对使能、输入索引（开关量）、输出索引（开关量）三方面进行设置（见图 3-13），名称可以按照需要进行改写，其具体方法如下。

1）勾选"使能"，说明使能后，才可以执行与动作；反之，则不需要使能，可以自动执行与动作。

2）输入索引（开关量）可以设置 8 个输入索引，当模型需要执行与动作时，设置该处输入索引为模型的端口信号量，默认值为-1。例如，需要两个输入信号进行控制时，设置输入 1 索引（开关量）为"182"，输入 2 索引（开关量）为"183"，信号连接图中，添加位反转组件，输入 1 信号索引显示为 182，输入 2 信号索引显示为 183。

3）输出索引（开关量）是与操作组件的输出索引，默认值为-1。例如，填写输出索引为"3"的数字，则与操作组件输出索引为 3。信号连接图中，添加与操作组件，输出信号索引显示为 3。

图 3-13 与操作界面

　　根据组件管理中，位反转和与操作的使用方法可以有效解决转向器转向故障。请设置相关参数，完成故障排查工单的填写，见表 3-12。

表 3-12 故障排查工作单

姓名：			学号：	
故障名称：			日期：	
序号	故障器件	原因描述		解除措施
1	位反转	名称：		名称：
		输入：		输入：
		输出：		输出：
2	与操作	名称：		名称：
		输入1：		输入1：
		输入2：		输入2：
		输出：		输出：
信号连接图接线：				

3.4 机器人上料包装离线调试

3.4.1 机器人上料包装模型属性

在机器人上料包装过程中，机器人模型型号为三菱 RV-13FL，与纸箱包装生产线中机器人型号相同。该模型下含有法兰、机器人工具_包装线、吸盘安装点等多个层级，各模型元素之间的层级决定元素之间的相互关系，主要表现在其位置数据的变化。建立层级的目的是，保证机器人单元_包装线下可以安装多个元素，整体实现机器人的各种关节运动同步性，如图 3-14 所示。

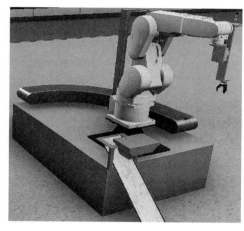
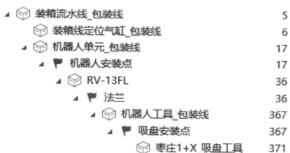

图 3-14 机器人单元_包装线界面

层级关系显示，法兰没有安装在 RV-13FL 机器人模型下，"机器人工具_包装线"没有正常安装在法兰上，被安装在机器人基座位置，其位置数据与机器人关节位置不再一致。这与实际生产线工具需安装在法兰上的情况不符，在操作中要正确安装法兰和机器人工具的位置，如图 3-15 所示。

当法兰直接安装在 RV-13FL 机器人模型下时，其位置数据显示为相对于机器人基座坐标建立的相对位置，与机器人关节位置一致，这种模型效果与实际相符，选中"模型列表"中的"机器人工具_包装线"，单击"属性"，在"位置"选项中勾选"复位"，可使法兰回到未安装的状态，如图 3-16 所示。

机器人工具模型，内部包含旋转气缸，工具同时具有夹爪和吸盘，来应对不同场景的应用。例如，需要夹爪夹取物品的生产线，需要吸盘吸取物品的生产线，这与纸箱包装实际生产线的工具相同。为了能够保证夹爪和吸盘共同运动，在机器人工具_包装线下增加了吸盘安装点，用来安装型号为"枣庄 1+X_吸盘工具"。当单击"端口"工具栏，勾选"旋转气缸–控制"时，夹爪和吸盘会在旋转气缸的带动下共同转动，切换调用夹爪或者吸盘工具，如图 3-17 所示。

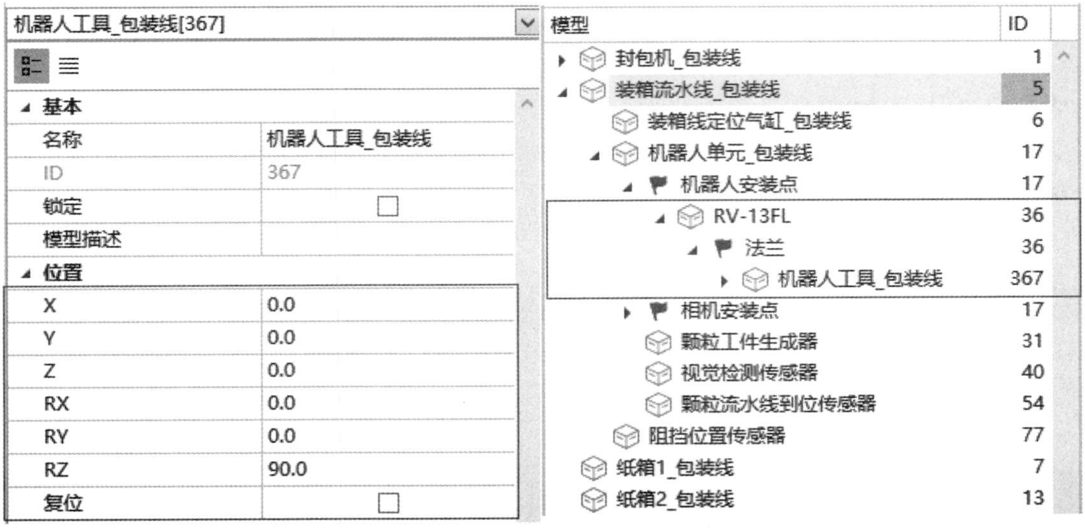

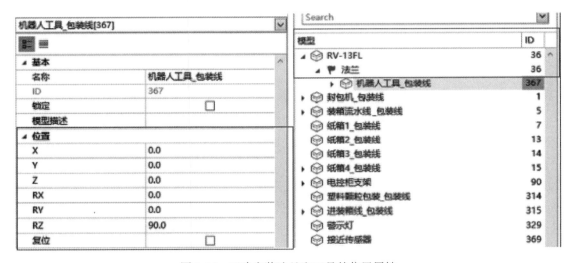

图 3-15 错误安装法兰和工具的位置属性

图 3-16 正确安装法兰和工具的位置属性

模型属性是指模型所具有的特有的性质,在"模型列表"中选中"模型"名称,单击"属性"即可进入相应模型的属性界面,根据模型的不同,其下的属性也有所不同。例如,单击"机器人工具_包装线","属性"界面下找到旋转气缸,其默认的最大旋转角度为"360",可以更改为"180"或者"90"等,则表明夹爪和吸盘的旋转角度为180°或者90°等,以此来实现机器人工具旋转不同的角度以应对不同生产线的实际情况。本案例中夹爪由上到下旋转180°,因此,需设置气缸的最大旋转角度为180°,如图3-18所示。

3.4.2 机器人上料包装端口调试

端口调试包括位控制和位反馈,是实现控制功能和显示控制效果的过程,可以为理清

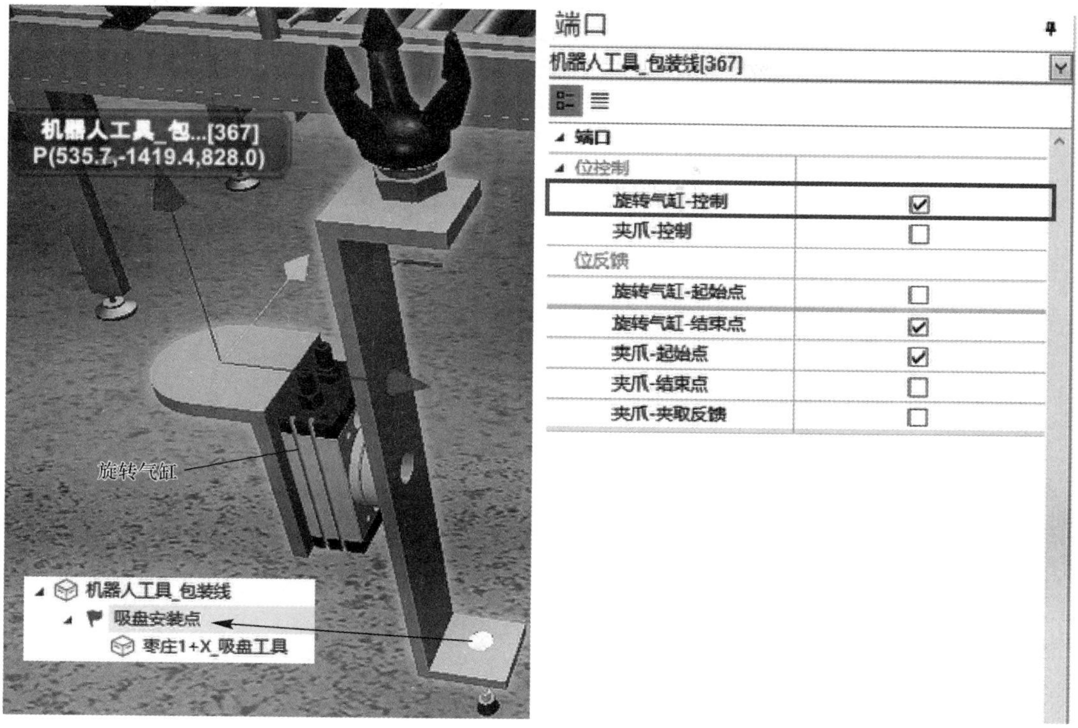

图 3-17 机器人工具模型

图 3-18 旋转气缸角度设置

信号逻辑奠定基础。"机器人工具_包装线"端口的位控制为旋转气缸_控制时，其对应的位反馈为旋转气缸_起始点和旋转气缸_结束点；当位控制为夹爪_控制时，其对应的位反馈为夹爪_起始点，夹爪_结束点，夹爪_夹取反馈。

"旋转气缸_控制"用于控制气缸是否运行。当勾选位控制下的"旋转气缸_控制"方框时，代表旋转气缸未启动运行，"旋转气缸_结束点"自动被勾选，代表旋转气缸位于结束点；当取消勾选位控制下的"旋转气缸_控制"方框时，代表旋转气缸启动运行，"旋转气缸_起始点"自动被勾选，代表旋转气缸位于起始点。经过旋转气缸由结束点运动至起始点，带动夹爪和吸盘发生转动，最终夹爪朝下为其起始位置，如图 3-19 所示。

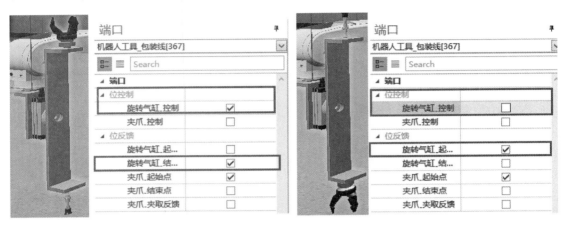

图 3-19　旋转气缸_控制端口调试

"夹爪_控制"用于控制夹爪合拢或者张开动作。位控制"夹爪_控制"未勾选时，表明未启动夹爪控制，位反馈"夹爪_起始点"被勾选，表明此时夹爪位于起始点，即夹爪处于张开状态；当勾选位控制"夹爪_控制"时，表明启动夹爪控制，此时位反馈"夹爪_结束点"被勾选，表明此时夹爪位于结束点，即夹爪处于合拢状态，如图 3-20 所示。

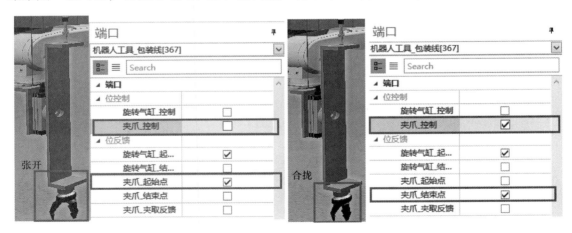

图 3-20　夹爪_控制端口调试

3.4.3　机器人上料包装数据映射

单击标题栏"信号"，选择"数据映射"出现数据映射界面，在模板下可以选择要添加的设备。添加了三菱机器人设备、S7-1200 设备，设备添加完成后，右侧栏目会自动显示"地址名称""传输方向""地址类型""信号索引"等标题，单击添加，可以添加相应的信号，如图 3-21 所示。

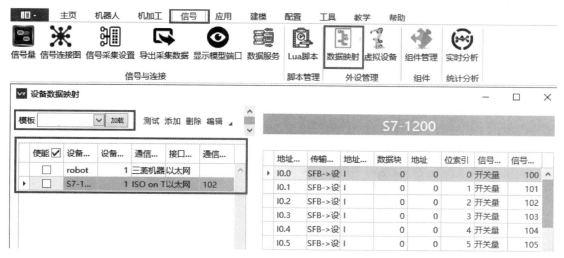

图 3-21 模板添加设备界面

模板中没有罗列的相关设备模型时，可以通过添加，自主设置相应的设备，单击"添加"按钮后，进入"设备属性"界面（见图 3-22），修改"设备名称"为 S7-1200，"通信协议"可以下拉选择 Modbus TCP、Modbus RTU、ISO on TCP（Siemens）等，这里选择"ISO on TCP（Siemens）"，"接口类型"下拉选择"以太网"，通信参数设置栏目下，主要设置 IP 地址为"192.168.0.1"。注意：这里的 IP 地址为 SFB 需要数据映射的对象的 IP 地址，这里是指 S7-1200 的 IP 地址。设置完成后，单击"确定"，设备显示自主添加的 S7-1200 设备。

图 3-22 设备属性界面

添加完成后，右侧栏"地址名称""传输方向""地址类型""信号索引"为空，需要自行添加，如图3-23所示。具体步骤如下。

图3-23 单独添加设备界面

（1）选中"设备S7-1200"，单击"添加"，进入"地址映射"界面，命名"地址名称"为"Q0.1"，注意地址名称最好与地址类型，地址，位索引相匹配；由于地址类型Q对于PLC而言是输出信号给SFB中的模型，PLC在这里代表添加的设备，因此"传输方向"设置为"设备→SFB"。

（2）"地址类型"下拉选项含"I、Q、M、DB"等，这里选择"Q"，访问类型下拉选项含"位、字节、字、双字"，这里选择"位"；"地址"设置为"0"，位索引设置为"1"；"SFB信号类型"下拉选项为"开关量、数字量、浮点量"，开关量为0或1，数字量为整形数字，浮点量为小数，这里选择"开关量"，起信号开关的作用；"SFB信号索引"设置为"10"，以上设置完成后，单击"确定"（见图3-24中⑤），"S7-1200"下显示地址名称为"Q0.1"的相关信息。

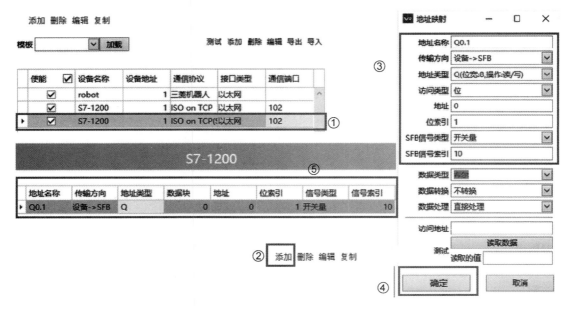

图3-24 添加信号界面

在数字化设计平台中，SFB 信号索引设置的数字指"信号量"，外部设备与 SFB 内部的模型都映射到信号量上，此处的信号量就相当于现实场景中信号连接线的功能，信号映射完成后就相当于接线完成，如图 3-25 所示。

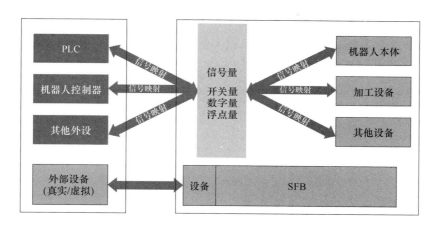

图 3-25　信号量作用图

信号映射与真实场景中的信号连接配置概念是一样的，现实中是通过连接线来连接信号端口与设备的控制端口，在 SFB 中用信号映射来代替连接线完成此功能。信号映射是将真实设备或者虚拟设备的信号可操作地址于 SFB 中的信号量进行绑定，在指定的通信协议下，SFB 连接到设备并通过操作绑定的地址进行数据交互，从而完成信号值的传递，进而控制设备完成相应的工作。

在"信号"工具栏下，单击"信号量"，当信号量为开关量时，如果数字所在文本框，颜色为浅蓝色，表明信号为 0 或者无信号；颜色为深蓝色时，表明信号为 1 或者有信号。对"信号量"更普遍的理解是硬件设备中的接线端子排，"10"可以理解为接线端子排的 10 号端口。

设备→SFB：PLC 将 Q0.1 的状态依托数据映射，传递给信号量为 10 的接线端子，再传递给 SFB 中机器人的控制端口。

SFB→设备：SFB 中机器人的位反馈，即起始点，结束点又通过信号量 11.12 的接线端子传递给数据映射中的地址，再将状态传递给 PLC，如图 3-26 所示。

3.4.4　机器人上料包装信号连接

信号连接是将 SFB 模型、机器人、PLC 等相互连接，并实现运动的基础，与实际设备的接线原理相同，需要对端口的输入输出进行定义。添加数据映射时，通过定义地址名称，信号索引等相关信息，确定端口类型、端口索引、反馈端口、控制端口之间的关系。例如：规定了端口类型为"开关量"；端口索引中标注的数字即为"信号量"；反馈端口，用来输出控制其他模型；控制端口，用来接收其他模型输出，见表 3-13。

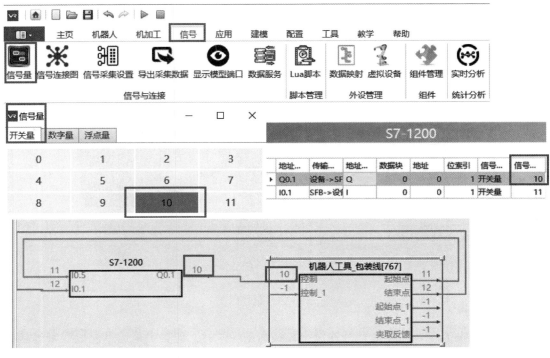

图 3-26   信号量显示界面

表 3-13   机器人、PLC 的 I/O 分配表

端口类型	端口索引	反馈端口（输出控制其他模型）	控制端口（接收其他模型输出）
开关量	155	外部设备-S7-1200-Q0.5	外部设备-robot-M_In0
开关量	160	外部设备-S7-1200-Q2.0	外部设备-robot-M_In1
开关量	161	外部设备-S7-1200-Q2.1	外部设备-robot-M_In2
开关量	162	外部设备-S7-1200-Q2.2	外部设备-robot-M_In3
开关量	163	外部设备-S7-1200-Q2.3	外部设备-robot-M_In4
开关量	164	外部设备-S7-1200-Q2.4	外部设备-robot-M_In5
开关量	165	外部设备-S7-1200-Q2.5	外部设备-robot-M_In6
开关量	167	外部设备-S7-1200-Q2.6	外部设备-robot-M_In7
开关量	168	外部设备-S7-1200-Q2.7	外部设备-robot-M_In8
开关量	169	外部设备-S7-1200-Q3.0	外部设备-robot-M_In9
开关量	170	外部设备-S7-1200-Q3.1	外部设备-robot-M_In10
开关量	171	外部设备-S7-1200-Q3.2	外部设备-robot-M_In11
开关量	212	场景模型-机器人工具_包装线［367］-夹爪-夹取反馈	外部设备-robot-M_In12
开关量	250	外部设备-robot-M_Out0	外部设备-S7-1200-I2.3
开关量	251	外部设备-robot-M_Out1	外部设备-S7-1200-I2.0

端口类型	端口索引	反馈端口（输出控制其他模型）	控制端口（接收其他模型输出）
开关量	252	外部设备-robot-M_Out2	外部设备-S7-1200-I2.1
开关量	253	外部设备-robot-M_Out3	外部设备-S7-1200-I2.2
开关量	254	外部设备-robot-M_Out4	外部设备-S7-1200-I2.4
开关量	255	外部设备-robot-M_Out5	外部设备-S7-1200-I2.5
开关量	256	外部设备-robot-M_Out6	外部设备-S7-1200-I2.6
开关量	257	外部设备-robot-M_Out7	外部设备-S7-1200-I2.7
开关量	258	外部设备-robot-M_Out8	外部设备-S7-1200-I3.0
开关量	259	外部设备-robot-M_Out9	外部设备-S7-1200-I3.1
开关量	300	外部设备-robot-HOpen1	场景模型-机器人工具_包装线［367］-旋转气缸-控制
开关量	302	外部设备-robot-HOpen2	场景模型-机器人工具_包装线［367］-夹爪-控制
浮点量	100	外部设备-robot-J1	场景模型-RV-13FL［36］-6关节机器人-关节1
浮点量	101	外部设备-robot-J2	场景模型-RV-13FL［36］-6关节机器人-关节2
浮点量	102	外部设备-robot-J3	场景模型-RV-13FL［36］-6关节机器人-关节3
浮点量	103	外部设备-robot-J4	场景模型-RV-13FL［36］-6关节机器人-关节4
浮点量	104	外部设备-robot-J5	场景模型-RV-13FL［36］-6关节机器人-关节5
浮点量	105	外部设备-robot-J6	场景模型-RV-13FL［36］-6关节机器人-关节6

画信号连接图时，需打开 SFB 数字化设计平台，单击"信号"工具栏下的"信号连接图"，将左侧栏"信号模型"下各模型拖入右侧操作板，按照机器人、SFB 模型与 PLC 之间的端口表连接相应的端口。也可以更改各端口上的"信号量"，保证信号量一一对应来进行接线，如图 3-27 所示。

3.4.5 机器人上料包装程序编译

3.4.5.1 工作流程

机器人上料包装工作流程主要包括初始化、取产品、称产品、装产品等，如图 3-28 所示。

（1）初始化：打开气缸旋转_控制，夹爪_控制，气缸旋转，夹爪张开，开始初始化，颗粒装配清零，称重清零，机械臂运动至初始位置 P0，判断是否"$1 \leqslant M4 \leqslant 5$"。若为是，则等待装配信号；若为否，则 M4＝0，结束装配。

（2）取产品：判断是否有颗粒装配信号，如有信号，运动至 P20 位置（P20 为过渡点），执行不连续动作，运动至(P21，－100)位置，运动至 P21 位置。P21 为产品在传送带上的位置，(P21，－100)为接近距离，是指定的工具坐标 Z 轴负方向 100mm 位置。张开的夹爪运动至 P21 位置时合拢，夹取产品，然后反向运动至(P21，－100)位置，运动至 P20 位置。

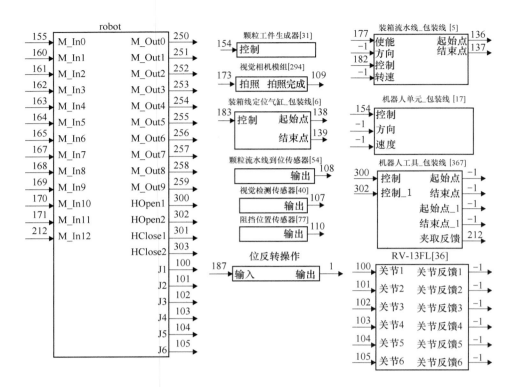

图 3-27 机器人上料包装接线图

（3）称产品：机械臂由 P20 运动至 P70 位置，P70 为过渡位置，为机械臂安全动作范围而设置，运动至（P71，-100）位置，直线运动至 P71 位置，即松开产品的位置，延时停顿后夹抓松开，延时停顿后运动回（P71，-100）位置，延时停顿后运动至 P72 位置，即秤盘上重新抓取的位置，延时停顿后夹抓合拢，夹取产品，延时停顿后运动回（P71，-100）位置，运动回到过渡位置 P70。

（4）装产品：P23 为产品装入纸箱内的位置点，是箱内一个变化的位置点，设置内部变量 M3=1 时，P23=P40，机械臂由 P70 运动至（P23，-200mm）位置，执行不连续动作，运动至 P23 位置，延时停顿后夹抓松开，延时停顿后运动回（P23，-200mm）位置，连续执行 M_Out(6)=1，即颗粒装配完成，可观察信号量索引 256 为 1，运动回 p0 位置，执行 M3=M3+1，判断 M3 是否大于 5，如果小于等于 5，再次执行初始化，取产品，称产品，装产品动作。

注意：内部变量 M3=2 时，P23=P41；内部变量 M3=3 时，P23=P42；内部变量 M3=4 时，P23=P43；内部变量 M3=5 时，P23=P44。

3.4.5.2 程序编写

机器人程序编写围绕实现初始化、初始化、取产品、称产品、装产品动作而编写，主要指令包括 Mov、Mvs 等，见表 3-14。

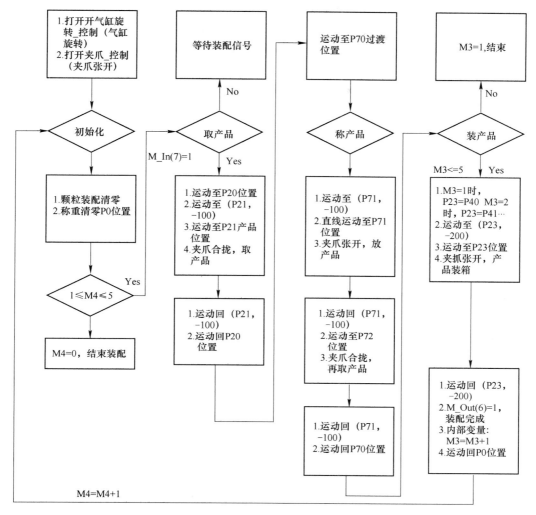

图 3-28 机器人上料包装流程图

表 3-14 机器人上料包装程序编译一览表

初 始 化	取 产 品	称 产 品	装 产 品
Mov P0	*SUB2	Mov P70	If M3 = 1 Then
M_Out(4) = 1	Wait M_In(7) = 1	Mov P71, −100.0	P23 = P40
Dly 0.8	Mov P20	Mvs P71	EndIf
M_Out(4) = 0	Cnt 0	Dly 1	If M3 = 2 Then
For M4 = 1 To 5	Mov P21, −100.0	HClose 2	P23 = P41
WhileM_In(6) = 0AndM_	Mvs P21	Dly 1	EndIf
In(7) = 0	Dly 1	Mvs P71, −100.0	If M3 = 3 Then
WEnd	HOpen 2	Dly 1	P23 = P42
If M_In(6) = 1 Then	Dly 1	Mvs P72	EndIf
M1 = 1	Mvs P21, −100.0	Dly 1	If M3 = 4 Then
EndIf	Mov P20	HOpen 2	P23 = P43
If M_In(7) = 1 Then	Mov P0	Dly 1	EndIf

初 始 化	取 产 品	称 产 品	装 产 品
M1 = 2		Mvs P71, -100.0	If M3 = 5 Then
EndIf		Mvs P70	P23 = P44
On M1 GoSub *SUB1,			EndIf
*SUB2			Mov P23, -200.0
Dly 0.5			Cnt 0
M_Out（5）= 0			Mvs P23
M_Out（6）= 0			Dly 1
M_Out（7）= 0			HClose 2
Cnt1			Dly 1
Mov P0			Mvs P23, -200.0
If M4>4 Then			Cnt 1
M4 = 0			M_Out（6）= 1
EndIf			Mvs P0
Next			M3 = M3+1
End			If M3>5 Then
			M3 = 1
			EndIf
			Return

3.4.6   机器人上料包装运行调试

机器人上料包装运行调试步骤如下。

（1）打开 RT-ToolBox3 软件，单击"工作区"→"test2021.10.22"→"RC1"→"模拟"，示教器打开，再单击"程序"→"ZP"，进入三菱机器人界面。

（2）打开 SFB 软件，单击"信号"→"数据映射"，勾选已添加的三菱机器人设备，单击"测试"。显示"通信测试连接成功"，与此同时，三菱 RT-ToolBox3 软件中 Communication Server 由蓝色变为绿色，同时显示"1：Simulation"，说明 SFB 设备中的机器人模型与三菱软件之间通信成功，即通过三菱示教器可以控制 SFB 中的机器人模型，为生产线调试运行提供技术支持，如图 3-29 所示。

（3）机器人上料包装过程中，由信号连接图可知，S7-1200-PLC 输出端口 Q2.6 执行由 PLC 到外部设备的输出信号，通过数据映射其信号量索引为 167，因此，当手动调试时，可以通过单击 SFB 中"信号"工具栏→"信号量"，单击 167 按钮，文本框颜色变为深蓝色，即对其赋值 1，此时验证程序是否控制机器人开始执行上料包装进程，即可完成手动调试。具体步骤如下。

1）在 SFB 中单击"▶运行"按钮，保证 SFB 中机器人模型处于运行状态。

2）在三菱 RT-ToolBox3 中单击"调试"工具栏→"开始调试"，单击"单步"→"前进"可以逐条程序指令进行调试。

3）运行至程序"While M_In（6）= 0 And M_In（7）= 0"时，为等待液体或者颗粒开始装配的信号。在手动调试环境下，此时信号量索引 166，167 均为 0，程序无法跳出该循

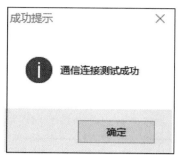

SFB数据映射

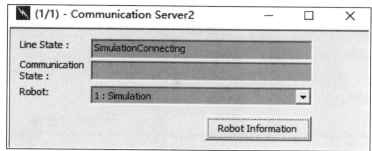

三菱连接服务器

图 3-29 SFB 与机器人通信测试界面

环。因此，需手动单击信号量索引 167，即对其赋值 1，单击" 跳转 跳转 ［ ］"，程序跳转至"If M_In(7)=1 Then"语句所在行，即颗粒开始装配。

4）单击"单步前进 ［ ］"，可以单步运行机器人完成初始化、取产品、称产品、装产品的动作流程。

3.4.7 作业：故障排查思考

（1）故障 1：在添加机器人工具模型时，选中"夹爪工具"模型后，机器人工具默认安装在机器人底座位置，这明显与实际的机器人工具是不相符的。请参照 3.4.1 节中的知识点，解决机器人工具安装问题，如图 3-30（a）所示。

(a)

(b)

图 3-30 安装机器人工具模型图

（a）错误；（b）正确

（2）故障2：在数字化设计平台中，安装机器人工具后，夹爪工具上半部分出现"错插"入机械臂的情况，这在数字模型中较为常见，请更改夹爪工具坐标，解决此种问题，如图3-30(b)所示。

解决故障过程中，如果涉及参数更改等操作，可填写在故障排查工作单中，见表3-15。

表3-15 故障排查工作单

姓名：		学号：	
故障名称：		日期：	
序号	故障器件	原因描述	解除措施
1	安装夹爪	X： Y： Z： RX： RY： RZ：	X： Y： Z： RX： RY： RZ：
2	夹爪错插	X： Y： Z： RX： RY： RZ：	X： Y： Z： RX： RY： RZ：
机器人工具模型正确安装图			

3.5 整箱结构虚拟仿真调试

3.5.1 整箱结构模型属性

3.5.1.1 模型列表

整箱结构模型列表中主要包括整包线_包装线、传感器和标签_包装线三部分，如图3-31所示。

图3-31 整箱结构模型

（1）整包线_包装线代表智能生产线中贴标、打标的整理包装阶段，整包线_包装线主要包含滚筒运行线和设备支架等结构，其安装点下主要有激光器，该环节用来在已经包装好的产品上进行贴标结构贴标，激光器打码，做入库前的准备。

（2）传感器在整箱结构中数量较多，在贴标环节、激光器打码、扫码环节各有1个传感器模型，这与实际生产线基本一致。在这个环节中成品纸箱会依次经过多个位置，需要传感器获取其位置信号，并执行相应的动作。

（3）标签_包装线中主要含有标签生成器、二维码生成器、消失器等模型，其中标签生成器主要用来生成"标签"，代表实际生产线中贴标机贴在成品纸箱上的商标，二维码生成器主要用来生成贴在成品纸箱上的二维码，用于入库出库扫码校验，消失器主要用来消除正在运行的纸箱。在实际生产线中，纸箱需要进行下一环节。

3.5.1.2 属性设置

A 整包线_包装线属性设置

选中"整包线_包装线"模型，单击"属性"会显示整包线_包装线各属性，其主要功能和设置途径如下。

（1）位置属性是每个模型都具有的，是指该模型处在场景中的位置，主要有 X、Y、Z、RX、RY、RZ 坐标，更改其位置可在此处做数字更改，场景中的位置会发生相应改变。整包线_包装线坐标值 X = 2725.0，Y = 1352.0，Y 值有变化，说明该模型是垂直 X 坐标轴放置的，RZ = 90 为相对其上工具安装点的 Z 轴坐标，见表 3-16。

表 3-16 "整包线_包装线"模型位置

模型名称	X	Y	Z	RX	RY	RZ
整包线_包装线	2725.0	1352.0	0.0	0.0	0.0	90

（2）元素属性下含有"贴标机""激光打标机 Z 轴""激光打标机 Y 轴""激光""定位气缸 1"~"定位气缸 6"。例如，贴标机中需设置速度为 80 mm/s、起始点 0.5、结束点 1.2。激光打标机 Z 轴和 Y 轴相关参数设置相同，速度值为 100000 mm/s，起始点值为 0，结束点值为 100000，脉冲为 1 mm。激光属性设置打标光束颜色为 orange，打标颜色为自定义灰色，预览光束颜色为 green，激光束长度为 200 mm。定位气缸共三组，每两个定位气缸为一组，每个气缸均需设置速度、起始点和结束点三个属性值，这里设置速度为 100 mm/s，起始点为 0，结束点为 1。

B 传感器属性设置

（1）传感器的 XY 坐标值发生改变，Z 值未发生变化，说明它们被安装在滚筒线相同高度上，但按照一定的间隔进行安装，主要针对贴标、打标、读码进行信号检测。"消失器 XS"位置在滚筒线之上，跟传感器的位置不同，见表 3-17。

表 3-17 "传感器"模型位置

模型名称	X	Y	Z	RX	RY	RZ
贴标到位传感器	2902.3	906.0	605.0	0.0	0.0	180.0
打标到位传感器	2902.3	1821.4	605.0	0.0	0.0	180.0
读码到位传感器	2902.3	2118.4	605.0	0.0	0.0	180.0
消失器 XS	2681.8	2491.8	610.6	0.0	0.0	0.0

（2）选中"贴标到位传感器""打标到位传感器""读码到位传感器"，其属性元素下均含有"漫反射传感器"，其检测距离为"200 mm"，检测规格为"＊"，"＊"代表检测目标的性质可以为任何形式。

（3）"消失器 XS"元素属性下设置"消失器"延时为 0，检测规格为"BOX"。

说明消失器在不延时的情况下，需要消失的对象为 BOX，"消失器运行隐藏"未被勾选，说明消失器运行时不需要隐藏。

C "标签_包装线"属性设置

（1）"标签_包装线"的 XY 坐标值发生改变，Z 值为 0，说明"标签_包装线"不是具体的零件，只是建立了一个基准点。"标签生成器""二维码生成器"位置是在滚筒线之上的独立的模型，见表 3-18。

表 3-18 "标签_包装线"模型位置

模型名称	X	Y	Z	RX	RY	RZ
标签_包装线	−4907.8	2162	0.0	0.0	0.0	0.0
标签生成器	2824.1	912.1	882.1	0.0	−0.1	−180.0
二维码生成器	2817.3	1820.6	787.7	0.0	0.0	90.0

（2）"标签_包装线"下有安装点，即"装配（吸附）点"。主要属性中"装配"下的"被装配规格"和"检测"属性下的"被检测规格"均为"BQ"，即标签。

（3）"标签生成器"主要用于生成标签，其工件 ID 为"628"，即为"标签_包装线"的 ID。生成间隔可以按照生产线要求自定义，这里定义为"3000000ms"，"生成器运行隐藏"被勾选，说明生成器运行时需要被隐藏起来，即运行界面不显示生成器模型。

（4）"二维码生成器"主要用于生成二维码，其工件 ID 为"728"，即为"VR 二维码"的 ID。"生成间隔"和"生成器运行隐藏"属性可以参照"标签生成器"进行设置。

3.5.2 整箱结构模型端口调试

整箱结构端口调试主要分为"整包线_包装线"下各模型协调运行为目标的端口调试、传感器模型检测端口调试，以及"标签_包装线"安装点下各模型控制端口调试三个方面。

根据模型列表可知，"整包线_包装线"下含有"激光头安装点"。"激光头安装点"元素下含有贴标机、激光打码机等。数字设计平台中，一般将端口设置在各模型下。其位控制和位反馈见表 3-19，经过端口调试后，各模型之间协调运行步骤如下。

表 3-19 整包线_包装线各模型端口（位_控制和位_反馈）

模型名称	位_控制	位_反馈
"整包线_包装线"模型	滚筒线_使能	
	滚筒线_方向	
	贴标机_使能	
	贴标机_方向	贴标机_起始点
		贴标机_结束点
	激光_打标	激光打标机 Z 轴_起始点
		激光打标机 Z 轴_结束点
		激光打标机 Y 轴_起始点
		激光打标机 Y 轴_结束点
	激光_预览	
	定位气缸 1_控制	定位气缸—起始点
		定位气缸 1—结束点

模型名称	位_控制	位_反馈
"整包线_包装线"模型	定位气缸 2_控制	定位气缸 2—起始点 定位气缸 2—结束点
	定位气缸 3_控制	定位气缸 3—起始点 定位气缸 3—结束点
	定位气缸 4_控制	定位气缸 4—起始点 定位气缸 4—结束点
	定位气缸 5_控制	定位气缸 5—起始点 定位气缸 5—结束点
	定位气缸 6_控制	定位气缸 6—起始点 定位气缸 6—结束点
贴标到位传感器	漫反射传感器_输出	
打标到位传感器	漫反射传感器_输出	
读码到位传感器	漫反射传感器_输出	
标签_包装线	装配（吸附）点-控制	装配（吸附）点-装配（吸附）状态
标签_生成器	生成器_控制	
二维码生成器	生成器_控制	

3.5.2.1 贴标机贴标

纸箱随滚筒线运行至贴标机模型位置时，须执行贴标动作。其具体流程如下。

（1）选中"贴标到位传感器"，单击"端口"，勾选其下的"漫反射传感器_输出"，检测并输出纸箱到位信号。

（2）定位气缸 2 执行阻挡纸箱运行的动作。即选中"整包线_包装线"模型，单击"端口"，定位气缸 2_控制端口由起始点运动至结束点，阻挡纸箱停留在贴标机模型下方位置。

（3）定位气缸 1 执行定位纸箱的动作。即定位气缸 1_控制端口由结束点运动至起始点，推动纸箱贴至滚筒线边沿，准确定位在贴标机模型下方位置。

（4）标签生成器生成标签。即选中"标签_生成器"端口，勾选其下的"生成器_控制"端口，生成标签。

（5）贴标机执行贴标动作。勾选"贴标机-使能"端口，贴标机由起始点运动至结束点。

（6）标签装配吸附至纸箱。选中"标签_包装线"端口，勾选装配（吸附）点-控制，执行装配（吸附）点-装配（吸附）动作。

（7）贴标动作执行完毕，按照步骤（2）~（6），反序操作，依次执行标签装配完毕→贴标机回位→生成标签结束→定位气缸 1 回位→定位气缸 2 回位。纸箱运行至下一环节。

3.5.2.2 激光器打标

纸箱随滚筒线运行至激光器模型位置时，须执行打码动作。其具体流程如下。

（1）选中"打标到位传感器"，单击"端口"，勾选其下的"漫反射传感器_输出"，检测并输出纸箱到位信号。

（2）定位气缸 4 执行阻挡纸箱运行的动作。即选中"整包线_包装线"模型，单击"端口"，定位气缸 4_控制端口由起始点运动至结束点，阻挡纸箱停留在激光器模型下方位置。

（3）定位气缸 3 执行定位纸箱的动作。即定位气缸 3_控制端口由结束点运动至起始点，推动纸箱贴至滚筒线边沿，准确定位在激光器模型下方位置。

（4）二维码生成器生成二维码。即选中"二维码_生成器"端口，勾选其下的"生成器_控制"端口，生成二维码。

（5）激光器执行打标动作。勾选"激光_打标"端口，激光器 Z 轴、Y 轴起始点运动至结束点。

（6）标签装配吸附至纸箱。选中"标签_包装线"端口，勾选装配（吸附）点-控制，执行装配（吸附）点-装配（吸附）动作。

（7）打标动作执行完毕，按照步骤（2）～（6），反序操作，依次执行二维码装配完毕→激光器回位→生成二维码结束→定位气缸 3 回位→定位气缸 4 回位。纸箱运行至下一环节。

纸箱随滚筒线运行至读码器模型位置时，执行读码动作。其端口调试流程与贴标机贴标和激光器打标流程相同。读码完毕后，消失器 XS 执行消失动作。

3.5.3 整箱结构模型数据映射

在前述 3.2 节中已经完成 S7-1200 PLC 设备的添加，这里只需要添加相应的信号即可。按照整箱结构 PLC 的 I/O 分配表 3-12，参照 3.2.3 节中的步骤可以添加数据映射关系。添加地址名称为"I3.4-I3.6，I6.2-I6.7，I7.0-I7.7，"，传输方向选择"SFB→设备"的输入信号；地址名称为"Q5.3-I5.7，Q6.0-I6.3"，传输方向选择"设备→SFB"的输出信号，其端口索引即为信号量的值。

3.5.4 整箱结构模型信号连接

3.5.4.1 整箱结构 PLC 的 I/O 分配

结合整箱结构端口调试过程中，各模型端口下的位控制与位反馈类型，建立整箱结构 SFB 模型与 PLC 控制器之间的输入输出关系，见表 3-20。

表 3-20 整箱结构 PLC 的 I/O 分配表

端口类型	端口索引	反馈端口（输出控制其他模型）	控制端口（接收其他模型输出）
开关量	48	场景模型-整包线_包装线［419］-贴标机-起始点	外部设备-S7-1200-I6.2

端口类型	端口索引	反馈端口（输出控制其他模型）	控制端口（接收其他模型输出）
开关量	49	场景模型-整包线_包装线［419］-贴标机-结束点	外部设备-S7-1200-I6.3
开关量	50	场景模型-整包线_包装线［419］-定位气缸 1-起始点	外部设备-S7-1200-I6.4
开关量	51	场景模型-整包线_包装线［419］-定位气缸 1-结束点	外部设备-S7-1200-I6.5
开关量	52	场景模型-整包线_包装线［419］-定位气缸 2-起始点	外部设备-S7-1200-I6.6
开关量	53	场景模型-整包线_包装线［419］-定位气缸 2-结束点	外部设备-S7-1200-I6.7
开关量	54	场景模型-整包线_包装线［419］-定位气缸 3-起始点	外部设备-S7-1200-I7.0
开关量	55	场景模型-整包线_包装线［419］-定位气缸 3-结束点	外部设备-S7-1200-I7.1
开关量	56	场景模型-整包线_包装线［419］-定位气缸 4-起始点	外部设备-S7-1200-I7.2
开关量	57	场景模型-整包线_包装线［419］-定位气缸 4-结束点	外部设备-S7-1200-I7.3
开关量	58	场景模型-整包线_包装线［419］-定位气缸 5-起始点	外部设备-S7-1200-I7.4
开关量	59	场景模型-整包线_包装线［419］-定位气缸 5-结束点	外部设备-S7-1200-I7.5
开关量	60	场景模型-整包线_包装线［419］-定位气缸 6-起始点	外部设备-S7-1200-I7.6
开关量	61	场景模型-整包线_包装线［419］-定位气缸 6-结束点	外部设备-S7-1200-I7.7
开关量	126	场景模型-贴标到位传感器［457］-漫反射传感器-输出	外部设备-S7-1200-I3.4
开关量	127	场景模型-打标到位传感器［471］-漫反射传感器-输出	外部设备-S7-1200-I3.5
开关量	128	场景模型-读码到位传感器［473］-漫反射传感器-输出	外部设备-S7-1200-I3.6
开关量	188	外部设备-S7-1200-Q5.3	场景模型-整包线_包装线［419］-滚筒线-使能
开关量	189	外部设备-S7-1200-Q5.4	场景模型-整包线_包装线［419］-贴标机-方向 场景模型-标签生成器［686］-生成器-控制

端口类型	端口索引	反馈端口（输出控制其他模型）	控制端口（接收其他模型输出）
开关量	190	外部设备-S7-1200-Q5.5	场景模型-整包线_包装线［419］-激光-打标 场景模型-二维码生成器［691］-生成器-控制
开关量	191	外部设备-S7-1200-Q5.6	场景模型-整包线_包装线［419］-定位气缸1-控制
开关量	192	外部设备-S7-1200-Q5.7	场景模型-整包线_包装线［419］-定位气缸2-控制
开关量	193	外部设备-S7-1200-Q6.0	场景模型-整包线_包装线［419］-定位气缸3-控制
开关量	194	外部设备-S7-1200-Q6.1	场景模型-整包线_包装线［419］-定位气缸4-控制
开关量	195	外部设备-S7-1200-Q6.2	场景模型-整包线_包装线［419］-定位气缸5-控制
开关量	196	外部设备-S7-1200-Q6.3	场景模型-整包线_包装线［419］-定位气缸6-控制

3.5.4.2　整箱结构信号连接

在上述信号连接关系基础上，可以通过信号连接图完成各信号输入输出连接。具体步骤如下。

（1）在 Smart Factory Builder（SFB）中单击"信号-信号连接图"，打开"新建"，输入"名称"，单击"确定"。

（2）进入"信号模型"工具栏，依次将外部设备、场景模型、信号组件拖入画图界面。以整箱结构为例，外部设备为"S7-1200 PLC"，场景模型为"整包线_包装线模型、"贴标到位传感器模型""打标到位传感器模型""读码到位传感器模型""标签生成器模型""二维码生成器模型"。

（3）依据"整箱结构 PLC 的 I/O 分配表"对 PLC 的输入输出端口进行连接。

3.5.5　整箱结构运行编译思路

结合前序环节的学习，已经完成整箱结构模型设置、端口调试、数据映射和信号连接，依据工艺流程，建立信号逻辑进行程序编译，以达到 PLC 自动控制整箱结构模型运行的要求。其主要编译思路如下。

（1）滚筒线使能信号输出，滚筒线运行，纸箱随滚筒线运行至贴标机模型位置，贴标到位漫反射传感器检测到纸箱到位。

（2）PLC 输出控制定位气缸2执行阻挡纸箱运行的动作。定位气缸2由起始点运动至结束点。定位气缸1执行定位纸箱的动作。定位气缸1由结束点运动至起始点推动纸箱贴至滚筒线边沿，准确定位在贴标机模型下方位置。标签生成器生成标签。贴标机执行贴标动作，贴标机由起始点运动至结束点。贴标动作执行完毕后，反序运行，依次执行贴标机回位→生成标签结束→定位气缸1回位→定位气缸2回位。

（3）纸箱随滚筒线运行至激光器模型位置时，打标到位漫反射传感器检测到纸箱到位。

（4）PLC 输出控制定位气缸4执行阻挡纸箱运行的动作。定位气缸4由起始点运动至结束点。定位气缸3执行定位纸箱的动作。定位气缸3由结束点运动至起始点推动纸箱贴至滚筒线边沿，准确定位在激光器模型下方位置。二维码生成器生成二维码。激光器执行打标动作，激光器由起始点运动至结束点。打标动作执行完毕后，反序运行，依次执行激光器回位→生成二维码结束→定位气缸3回位→定位气缸4回位。

（5）纸箱随滚筒线运行至读码器模型位置时，执行读码动作，读码完毕后，消失器 XS 执行消失纸箱的动作。

3.5.6 整箱结构模型调试运行

3.5.6.1 通信连接调试

通信连接调试步骤如下。

（1）用博图软件，打开程序文件，单击"启动仿真"，进入"扩展下载到设备"页面，单击"开始搜索"，选中"CPU-1200 Simulation"单击"下载"至"完成"。

（2）单击 PLCsim 开关，单击"RUN"，待 RUN/STOP 前的按钮变绿，则仿真器运行成功。

（3）先关闭西门子仿真器，再打开"NetToPLCsim"，单击"add"进入"station"页面，修改"Network IP Address"为"127.0.0.1"；单击"plcsim address"后的"…"自动搜索 CPU-1200 Simulation 的地址"192.168.0.1"；单击"start server"。

（4）打开 SFB 下的"信号"，单击"数据映射"，勾选设备 S7-1200 前的"□"，待该条目所有内容变为灰色，单击测试，显示"通信连接测试成功"。

3.5.6.2 虚拟仿真运行调试

虚拟仿真运行调试步骤如下。

（1）操作控制柜，依次按"急停""停止""复位""开始"。

（2）进箱线按照开始生成平纸板，吸取平纸板，拉伸成形，纸箱封底，推进器推进，滚轮带动纸箱前进。

（3）纸箱随滚筒线运行，阻挡气缸、定位气缸执行动作，待机器人装配完成后，阻挡气缸、定位气缸回归原位，纸箱运行完成封包，运行至转向器完成转向，准备进入下一环节。

（4）纸箱随滚筒线运行，到位漫反射传感器检测纸箱位置，定位气缸执行挡和推的动作，实现阻挡和定位功能，依次完成贴标、打标、读码，消失器中纸箱消失，代表纸箱运行至下一环节。

（5）纸箱包装虚拟产线按照开箱–封装–整箱的运行顺序运行调试完毕，按界面"停止"键，设备模型回到初始状态。

3.5.7 作业：故障排查思考

在数字生产线上加装 HLS 系列滑台气缸，其主要目的是固定正在生产线上运行的纸箱，可以通过设置气缸属性，来实现对纸箱的固定。在数字生产线上安装两个气缸为一组，由定位气缸 1 完成水平方向推的动作，由定位气缸 2 完成垂直方向挡的动作。

实现气缸动作，需要设置气缸起始点、结束点、速度三个属性参数。其中，速度指气缸水平方向推进或者垂直方向上升过程中运动的快慢，单位为 mm/s。气缸水平方向推进或者垂直方向上升过程中运动的快慢，单位为 mm/s。起始点、结束点的数值主要用来确定气缸活动的范围。

结合上述知识点，思考当纸箱在滚筒线上运行，阻挡气缸执行推挡动作时，由于用力过猛容易发生纸箱侧翻，造成生产线虚实运行不同步，监测系统报错的现象，进行逐步排查，并实现气缸的正确动作效果图，见表 3-21。

表 3-21　故障排查工作单

姓名：			学号：	
故障名称：			日期：	
序号	故障器件	原因描述		解除措施
1	定位气缸 1	速度：		
		起始点：		
		结束点：		
2	定位气缸 2	速度：		
		起始点：		
		结束点：		
气缸动作效果图：				

4 "纸箱包装单元虚实联调"智能生产线内容重构

4.1 智能生产线概况

校企合作共建实训建设项目——智能工厂，对接衢州当地大米、茶叶等农作物产品智能加工包装生产。前期应用数字化设计平台进行1：1建模并调试运行后，建立应用纸箱包装产品的实际智能包装生产线。在当地推广应用后，将校企合作项目转化为课程教学内容供学生学习生产线相关内容。

智能包装生产线由自动开箱机、滚筒输送线、机器人装配、胶带封箱机、贴标机、激光打标机、扫码器、控制柜等组成。控制方式为按钮控制、打标机PC端；状态指示方式包含指示灯、警示灯，如图4-1所示。

图4-1　纸箱包装智能生产线

智能包装生产的基本工作流程为：自动开箱机开箱时，需完成取箱、开箱成型、纸箱折底、封底的动作。机器人装配时，传送带传送纸箱到位后，启动气动结构阻挡纸箱停留，机器人通过对产品进行抓取、称重、装箱，共五次后，完成装配动作；胶带封箱机封箱时，需等封口箱体通过输送传动带进入机器，光眼反映，折盖臂打下，并同时由折盖杆折盖，当经过机器的上下机芯碰到胶带时，上下机芯动作，同时完成贴带、抚平、切带等封箱动作；贴标机、激光打标机、扫码器组合完成整箱工作，即给纸箱粘贴一张标签并激光打印包含产品信息的二维码在标签纸上，扫码器扫描二维码数据，检测数据是否正确。

4.2 开箱结构装调

4.2.1 开箱结构工作流程

自动开箱机主要包括储料区、吸盘取箱区、定位区、纸箱折底区、推箱区、输送区、贴带区，同时还包括储料高度调节、压板高度调节、成形支架位置调节、取箱距离调节、输送带宽度调节，如图 4-2 所示。

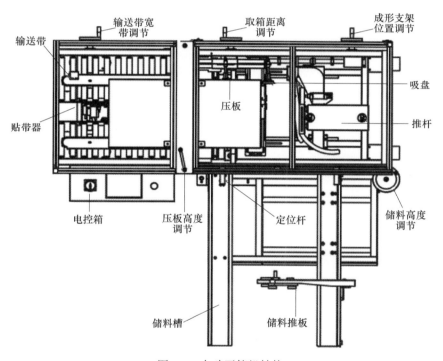

图 4-2 自动开箱机结构

复位各气缸，使各气缸处于初始状态。运行设备后，首先取箱气缸打开，此时若没有检测到未成形纸箱（见图 4-3），则复位取箱气缸，并回到初始状态；若检测到未成形纸箱，则进行下一步。取箱气缸到位后，打开吸箱气缸并保持，取箱气缸带着纸箱回到初始位置。打开成形气缸，随后依次折叠纸箱的前翼、后挡板、两侧的挡板，完成纸箱的折底，如图 4-4 所示。打开输送电机，关闭吸箱气缸，打开推箱气缸，纸箱随着输送带前进，完成贴带操作。由此完成一个纸箱的开箱操作。

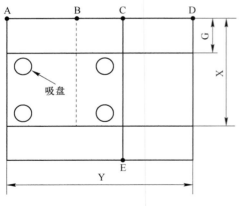

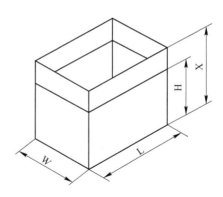

图 4-3 成形前纸箱   图 4-4 成形后纸箱

4.2.2 自动开箱机装调

设备产生偏差可对设备进行调整，主要围绕皮带、纸箱托架、加料支架、压箱导板、成型定位杆、成形支架、吸盘调整、推杆调整 8 个方面展开，其调整方法具体包括如下。

4.2.2.1 皮带调节

如图 4-5 所示，将成形后的纸箱放在两侧皮带之间，旋转皮带宽度调节手柄，顺时针旋转，以使两侧皮带靠近，宽度缩小；逆时针转动，使得带的两侧分开，宽度加大，确保两侧皮带正好接触纸箱的两侧；如果输送皮带过紧，纸箱很容易产生变形，如果输送皮带太松，纸箱不能被送出出口。

图 4-5 皮带调节装置

4.2.2.2 纸箱托架宽度调整

如图 4-6 所示，将未成形的纸箱放置在纸箱托架的两个导轨之间；未成形的纸箱与侧导板之间应该有 5 mm 左右间隙，保证纸箱容易滑动；松开锁柄，调整纸箱托架轨道的宽度。调整好后，锁紧锁柄。

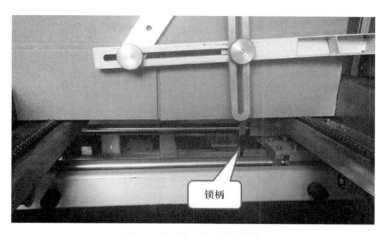

图 4-6 纸箱托架宽度调整

4.2.2.3 加料支架的高度调节

如图 4-7 所示，确认未成形纸箱的 1/2 宽度尺寸（即"G"尺寸）转动高度调节手柄，让箭头指到立柱标尺与"G"尺寸相同的高度。

图 4-7 加料支架高度调节

4.2.2.4 压箱导板高度调节

如图 4-8 所示，为调整压箱导板的高度，松开锁紧旋钮 E；转动高度调节手柄 A，让箭头 C 指到立柱标签高度 B 与成形的纸箱"X"尺寸相同的位置，压箱导板的高度比成形纸箱的"X"尺寸高度高 5 mm。

4.2.2.5 成形定位杆调整

如图 4-9 所示，确认未成形纸箱已经放在纸箱托架轨道上；松掉所有定位杆的六角螺母，可以调整定位杆与纸箱挡条的高度，以及移动定位杆到纸箱正确位置；F 定位杆和未

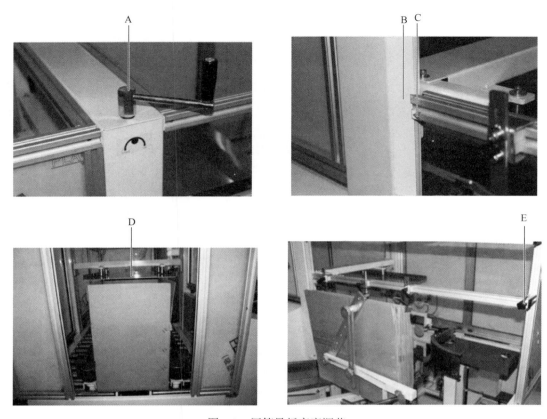

图 4-8 压箱导板高度调节

成形的纸箱的边缘之间的距离调整在 40~50 mm 处；H 定位杆应该与未成形纸箱的 D 边缘靠近；G 挡块必须放置在未成形纸箱正面和侧面之间的缝隙内。

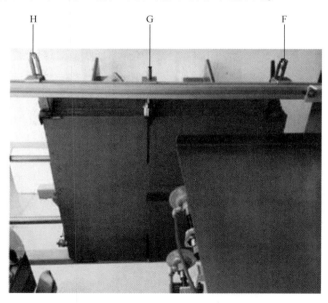

图 4-9 成形定位杆调整

4.2.2.6　成形支架位置调整

如图 4-10 所示，转动成形支架位置调整手柄，让箭头指到合适的位置。

4.2.2.7　吸盘调整

必须完成前面所有调整，然后调整纸箱吸盘的位置。吸盘的外边缘和上述未成形纸箱 C 边缘之间的距离被调整为 15~20 mm，如图 4-11 所示。当距离不够，松开调节手柄，移动吸盘到正确的位置，然后向左旋紧调节手柄。

图 4-10　成形支架位置调整

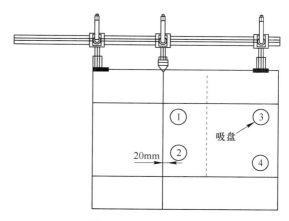

图 4-11　吸盘示意图

4.2.2.8　推杆调整

需根据纸箱的大小来调整纸箱推杆，如果纸箱尺寸较大，请松开锁紧螺钉，拉推杆；如果纸箱尺寸更小，不需要调整推杆；当拉大推杆时，请注意推杆不要碰到吸盘支架。

4.3　封装结构装调

4.3.1　封装结构工作流程

封装结构含有滚筒线、转向器设备、胶带封箱机三种主要设备，其中滚筒线主要负责传送产品，其上安装有对射式传感器和气缸等器件。其中，传感器用来检测信号；气缸在气动结构的作用下执行推挡的动作，用来固定产品。转向器主要起带动产品改变运行路线的作用，这里需要转向 90°，以适应产线的改变，其上安装有红外传感器，用来检测产品到位信号。

封装结构的主要工作流程为：传感器检测产品运行的信号，气缸动作，固定纸箱，产品装箱完成后，纸箱随滚筒线进入胶带封箱机内执行封箱动作，运行至转向器位置，在转向器带动下，产品改变 90° 路线继续传输进入整箱环节。在此过程中胶带封箱机的工作流程较为复杂，具体如下：

（1）接好气源，开通气路；

（2）打开电源，电机启动；

（3）折盖臂抬起，待封口箱体通过输送传动带进入机器，光眼反应，折盖臂打下，并同时由折盖杆折盖；

（4）当经过机器的上、下机芯碰到胶带时，上、下机芯动作，同时完成贴带、抚平、切带等封箱动作。

4.3.2 胶带封箱机概况

胶带封箱机具有广泛的用途，适用于家用电器、纺织、食品、日用百货、药品、轻工、化工等各种行业产品纸箱的封箱包装（即可单机作业），也可与流水线配套使用。封箱机采用即贴胶带对纸箱封口，经济快速、操作容易、保养简单，封箱平整，规范、美观同时完成上、下封箱动作——采用印字胶带更可提高产品的形象。

胶带封箱机的结构主要包括15部分，机架、升降机、上机芯、垂直摇手柄、折盖杆、折盖导向板、折盖臂等，如图4-12所示。表4-1罗列了各结构及功能。

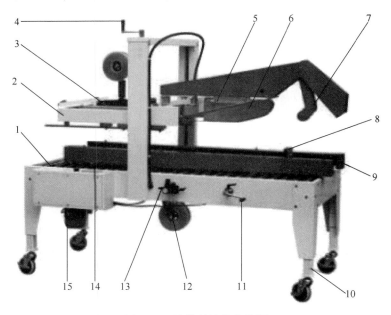

图 4-12 胶带封箱机实物图

1—机架；2—升降机；3—上机芯；4—垂直摇手柄；5—折盖杆；6—折盖导向板；7—折盖臂；8—光眼；9—输送传动带；
10—工作台调节脚架；11—水平摇手柄；12—下机芯；13—气源入口；14—电源开关；15—传动电机

表 4-1 胶带封箱机结构及功能

序号	结 构	功 能
1	机架	用于安装传送带装置
2	升降机	压紧纸箱协助胶带封紧
3	上机芯	带动纸箱顶部封胶带运行

序号	结　构	功　能
4	垂直摇手柄	可手摇手柄实现高度调节
5	折盖杆	折纸箱上盖合拢装置
6	折盖导向板	辅助折盖杆工作
7	折盖臂	与折盖杆一体，纸箱来向辅助折盖
8	光眼	安装光电传感器的位置
9	输送传动带	输送纸箱运行
10	工作台调节脚架	可调节工作台高度
11	水平摇手柄	可调节输送带宽度
12	下机芯	带动纸箱底部封胶带运行
13	气源入口	接通气泵的阀门
14	电源开关	用作开启或者关闭胶带封箱机，红色灯亮代表启动，灯灭代表关闭
15	传动电机	用作输送带传送

4.3.3 胶带封箱机装调

胶带封箱机产生偏差可对设备进行调整，主要围绕工作台高度、放入长度、导轮位置、折盖导向板、胶带盘等6个方面展开（见图4-13），其调整方法如下。

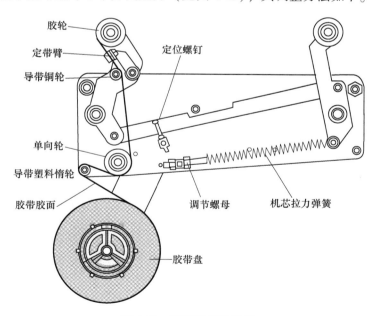

图4-13　胶带封箱机图示

（1）调节工作台高度。松开脚架锁紧螺钉，根据需要的高度，拉出脚架调节架，再拧紧脚架锁紧螺钉。

（2）将箱体放进输送传送带内，放进长度约是箱体长度的 1/3 左右，根据箱体大小，摇动垂直摇手柄，移动升降架，调节上机芯高度，使上机芯下降触到箱体为止。

（3）为使箱盖密合，调节导轮位置。松开手轮，推动导轮架，使导轮贴紧箱体两侧，再锁紧手轮；摇动水平摇手柄，水平调节输送带位置，使输送带并拢并夹紧箱子，然后取出箱子，再摇动手柄使输送带再靠拢 3 mm，调整完毕便可连续作业。

（4）调节折盖导向板及光眼位置，使其在合适位置，使得当箱子进入机器时，折盖臂在箱子侧边折盖之前，先行打下，往常完成前后折盖然后完成左右折盖。

（5）把胶带盘分别安装在上下机芯的胶带座上，使其胶面对着进箱方向，然后背胶面绕过导向带隋轮，胶胶面绕过单向铜轮前后到顶线与胶轮之间，保持胶面对着进箱方向。

（6）按下电源开关，推入箱体，箱体既随着输送传动带前进，经过连动封座机构，自动完成纸箱上下封箱及切带动作。

4.4 整箱结构装调

4.4.1 贴标机基本概况

贴标机主要结构包括放卷盘、收卷盘、贴标臂、贴标板、警示灯等部件，除此以外，还包括内部控制中心，用来控制内部放卷、收卷、贴标动作、信号等，如图 4-14 所示。其具体功能如下：

（1）放卷盘，内部有卷轴，可放贴标用的卷纸；

（2）收卷盘，带有收卷轴，可在运行时抽卷已用的卷纸；

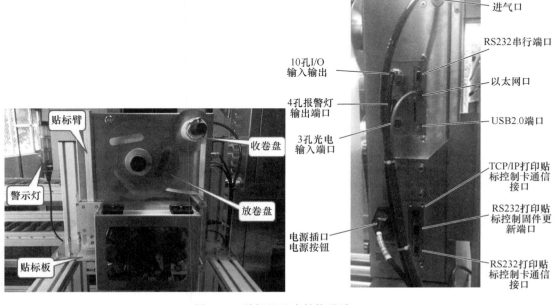

图 4-14 贴标机基本结构及端口

（3）贴标臂，可上下运行，推动或退回贴标版；

（4）贴标板，与贴标臂一体，在贴标臂带动下，实现粘贴或复位；

（5）警示灯，含三种颜色：就绪为黄色，运行为绿色，报警为红色。

右侧数据通信与 I/O 接口在正常操作中，只需接上 10 孔 I/O 输入输出、4 孔报警灯输出端口、3 孔光电输入端口、以太网口。3 孔光电输入端口的作用为触发打印贴标，本设备使用了外部触发条件，所以该端口未进行连接，如图 4-14 所示。

贴标机工作流程如下：接好气源，开通气路，打开电源，通过 BarTender UltraLite 软件输入打印数量，启动打印，警示灯变为绿色，设备进入就绪状态。当贴标机到位检测传感器得电，设备进行一次贴标。

4.4.2 贴标机装调

4.4.2.1 贴纸安装

贴纸安装是贴标机工作的重要环节，自动贴标机一般使用内径 76 mm，外径 300 ~ 350 mm 的卷状标签，这种类型的标签只需要将标签桶插到送标盘的标签固定座上，然后拉出标签，经过各个辊柱，直到收标盘，固定住即可（见图 4-15），安装贴标机的标签卷时，一定要按照指示说明操作，步骤如下：

（1）按照说明安装标签纸，一直到出标剥离板，并且向前拉进约 1 m；

（2）从已经向前拉进的标签底纸上剥离标签，然后通过旋钮打开标签压辊将底纸绕过出标剥离板，并按照图示标签绕向完成安装标签带；

（3）调节标签压辊的横向位置，使标签压辊处于标签底纸的正中央；

（4）关闭标签压辊。

注意事项：

（1）安装标签卷时确保标签受到的压力适当，压力过大在贴标时会引起贴标错位，同时会对一些部件造成磨损；

（2）安装标签后须保证标签对齐；

（3）出标测试时，注意观察标刷是否垂直平稳地将标签压刷，这一过程如果压力不足或是压力过大都会造成贴标位置错位或歪斜等不良现象。

4.4.2.2 标签智能打印

A 安装驱动文件

其步骤如下。

（1）双击打开 Driver 文件夹，安装 TSC_7.3.7_M-0.exe 驱动文件，如图 4-16 所示。

（2）勾选 "I accept the terms in the license agreement"，单击 "下一步"；勾选 "Run Driver Wizard after unpacking drivers"，单击 "完成"；勾选 "安装打印机驱动程序"，单击 "下一步"；勾选 "网络（以太网或无线网络）（N）"，单击 "下一步"；指定打印机型号选择 "TSC MX340"，单击 "下一步"；指定端口选择 "192.168.3.34 标准 TCP/IP 端口（192.168.3.34：9100）"。

图 4-15　贴纸安装

📁 BarTender	2018/3/27 22:09	文件夹	
📁 Driver	2018/3/27 22:09	文件夹	
📦 ACT3.0贴标控制软件.rar	2017/6/22 11:28	WinRAR 压缩文件	3,620 KB
📄 DiagTool_V1.64.exe	2016/4/6 9:10	应用程序	1,184 KB
📄 MID3_GPIOConfig.txt	2018/3/28 15:27	文本文档	1 KB

☐ 名称	修改日期	类型	大小
📄 TSC_7.3.7_M-0.exe	2015/1/27 9:20	应用程序	14,419 KB

图 4-16　驱动文件

（3）单击"创建端口"，进入界面，可用端口类型选择"Standard TCP/IP Port"（见图 4-17），单击"新建端口"，在使用添加标准 TCP/IP 打印机端口向导页面单击"下一步"。

（4）进入添加端口页面后，填写"打印机名或 IP 地址（A）"为："192.168.3.34"，填写"端口名（P）"为："192.168.3.34"。若地址修改输入对应的 IP 地址即可。创建端口完成后，再次回到指定端口界面，单击"下一步"，如图 4-18 所示。

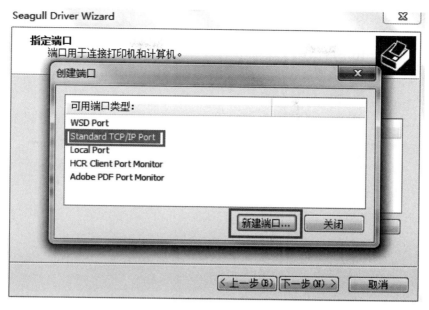

图 4-17 创建端口界面

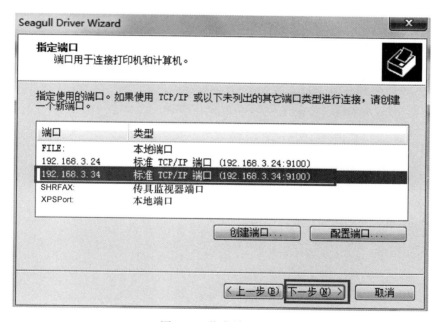

图 4-18 指定端口界面

（5）进入指定打印机名称界面。在"打印机名称（P）"栏目中填写"TSC MX340"，单击"下一步"，如图 4-19 所示。

（6）安装显示"正在完成 Seagull Driver Wizard"，单击"完成"，表明打印机驱动安装完成，如图 4-20 所示。

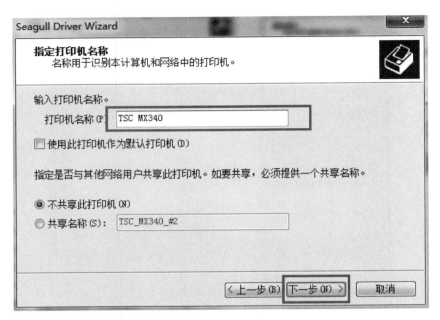

图 4-19 指定打印机名称界面

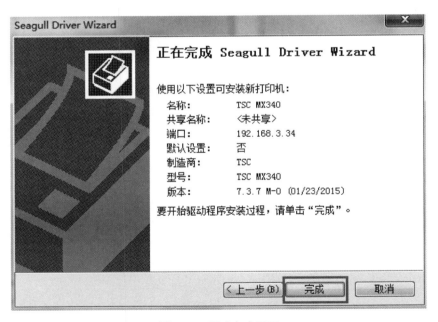

图 4-20 驱动完成界面

B 打印条码标签

条码标签打印使用 BarTender UltraLite 软件,其具体安装步骤如下。

(1) 双击打开 BarTender 文件夹,安装 BT101_SR3_2954_UL_TSC.exe 程序,如图 4-21 所示。

BarTender	2018/3/27 22:09	文件夹	
Driver	2018/3/27 22:09	文件夹	
ACT3.0贴标控制软件.rar	2017/6/22 11:28	WinRAR 压缩文件	3,620 KB
DiagTool_V1.64.exe	2016/4/6 9:10	应用程序	1,184 KB
MID3_GPIOConfig.txt	2018/3/28 15:27	文本文档	1 KB
☑ BT101_SR3_2954_UL_TSC.exe	2014/4/10 8:43	应用程序	187,988 KB
dotNetFx35setup.exe	2007/11/8 11:49	应用程序	2,803 KB

图 4-21　条码标签文件

（2）在安装语言界面中，选择"中文简体"，单击"确定"；在 Bar Tender 设置向导界面，单击"下一步"；进入许可协议界面，勾选"我接受许可协议中的条款"，单击"下一步"；在安装选项界面，勾选安装项目为"Bar Tender"，"样本文档"，安装至默认路径"C：\ Program File（X86）\ seagul \ Bar Tender UltraLite"，或者单击浏览至自定义路径，单击"下一步"，一般安装在默认路径下；进入预览选项界面，单击"安装"；出现"安装完成！"界面，勾选"打开《入门手册》"，勾选"运行 BarTender"，勾选"创建桌面快捷方式"，单击"完成"，BarTender UltraLite 软件安装完毕。

C　使用贴标机软件

其步骤如下。

（1）新建文档。开启设备，打开 BarTender UltraLite 软件，进入"欢迎！"界面，在"你希望做什么？"下选择文档，例如选择"文档 3"。

1）软件自动进入新建文档向导"起点"界面，用来选择新文档的起点，在起点下勾选"空白模板"，单击"下一步"，新建一个文档。

2）进入"选择卷"界面，"卷"指定页的大小及页上项目的大小、数量和位置，可以选择预定义的卷或者指定自定义设置，比如这里勾选"指定自定义设置"，单击"下一步"。

3）进入"每页项目数"页面，用来指定介质的特性，大多数介质的每页卷只包含一个项目（标签、卡、标记等），不过，某些介质比较复杂，每页上包含多个项目，例如，这里勾选"四页一个项目"，单击"下一步"。

4）进入"侧边"界面，用于指定介质各面的特性。例如，勾选"是，边缘有一些未使用过的材料"，未使用区域宽度设置为左右各"2.0 毫米"，右侧可预览模板大小，单击"下一步"，如图 4-22 所示。

5）进入"打印的项目形状"界面，用于指定项目的形状，有方框、圆角矩形、椭圆、圆四种选项可选择。例如，勾选"圆角矩形"，单击"下一步"，如图 4-23 所示。

6）进入"模板大小"界面，用于指定项目的大小。比如模板大小（S），下拉选择"用户自定义大小"，其中设置"宽度（W）：50.0 毫米，高度（H）30 毫米"，设置宽度和高度大小时，注意不包括项目周围任何未使用的区域；方向包括纵向（O）、横向（L）、纵向 180（R）、横向 180（A），比如方向勾选"纵向（O）"，单击"下一步"，如图 4-24 所示。

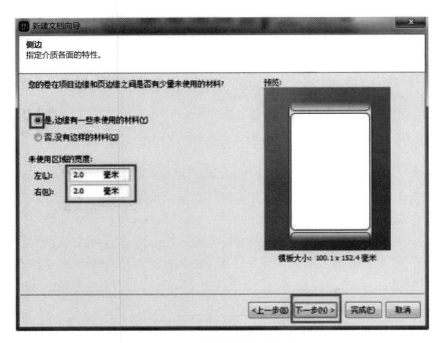

图 4-22 打印侧边设置界面

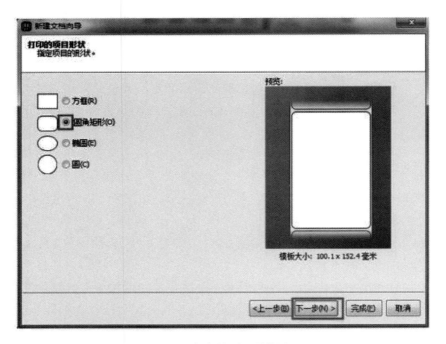

图 4-23 打印的项目形状界面

7）进入"模板背景"界面，用于为背景选择图片或颜色。背景特性中，颜色（C）用于允许您指定用于背景的填充颜色，图片（P）用于允许使用图片作为背景，模板图像

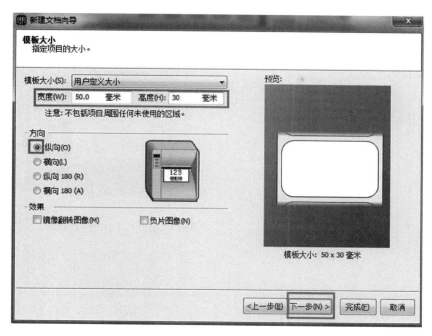

图 4-24　模板大小界面

(T) 允许在设计区域后面显示一张图片，将希望的所完成设计的外观呈现出来。然后，在该图片上进行设计，轻松地调整对象的位置和大小。右侧可以预览设置模板背景后的效果，同时呈现模板大小。例如在本项目中，仅使用白色作为底版色，无图片和模板图像，因此颜色、图片、模板图像三者均可不做勾选，默认为白色底版效果，直接勾选"下一步"（见图 4-25），进入"已完成！"界面，界面显示起始文档，打印机，模板大小，右侧可预览模板大小，单击"完成"按钮，即完成新建文档的建立。

（2）打印。新建文档完成后，单击"打印"按钮，选择打印机驱动名称，输入打印数量，单击"打印"，打印数量可输入较大的值，在设备未断电的情况下，贴标机都可以动作，若重启设备，需再次进行操作设置。贴标机警示灯变为绿灯，设置完毕，可以开始贴标操作。例如，单击打印机图标，打印机名称选择"默认（当前 TSC MX340）"，副本数量"20"，单击"打印"，如图 4-26 所示。

4.4.3　激光打标机概况

CO_2 标准激光打标机是集合了激光技术、光学技术、精密机械、电子技术、计算机软件技术及制冷等学科于一体的高科技产品，该机器的操作人员必须完全理解机器的相关参数并经过严格的培训和正确的指导。与传统的接触式机械加工不同的是，激光加工采用非接触的形式，利用激光瞬间极高的光能量进行化学或物理作用，汽化加工材料表面的组织或者燃烧材料的部分位置，达到在材料表面雕刻永久标记或切割的目的。CO_2 标准激光打标机包括高度调节手柄、打标机、显示器、主机等结构，如图 4-27 所示。

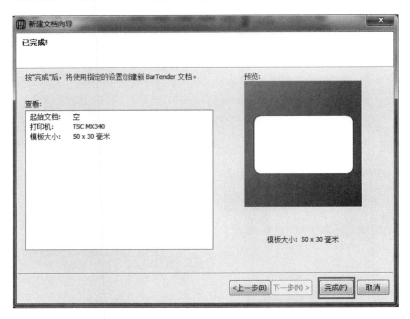

图 4-25 新建文档完成

图 4-26 贴标机打印界面

图 4-27 CO_2 激光打标机构件

CO_2 标准激光打标机主要工作原理是采用 CO_2 气体充入放电管作为产生激光的介质，在电极上加高电压，放电管中产生辉光放电，致使气体分子释放出激光，将激光能量放大后就形成对材料加工的激光束。

4.4.4 激光打标机装调

4.4.4.1 开机操作步骤

（1）确认各部件的电气连接可靠无误，接通外供电源（单相 220 V，50 Hz）。

（2）将主控箱前面板上的空气开关（POWER）拨到接通状态。

（3）释放主控箱前面板的急停开关（EMERGENCY）。

（4）按下整机启动按钮（START），START 指示灯亮，同时设备风扇开始工作。

（5）打开工控机钥匙门，按下工控机启动按钮并打开显示器电源，进入打标控制软件，新建一文档进行打标操作一次，进行打标控制卡的初始化工作。

（6）调节焦点并设置好打标参数开始工作。

4.4.4.2 关机操作步骤

（1）保存编辑的图形和参数设置，退出打标控制软件。

（2）关闭工控机。

（3）按下急停开关（EMERGENCY），切断电源。

（4）关闭主控箱前面板上的空气开关（POWER）。

（5）断开外供电源。

4.4.4.3 打标机设置

（1）打开大族激光打标控制软件 V6.0 后，单击工具栏"设置"，下拉选项中选择"网络设置"，进入网络设置页面，设置打标机电脑的 IP 地址为"192.168.3.24"与要连接的 S7-1200 PLC 中 TSEND_C 块和 TRCV_C 块的 IP 一致，设置端口号为"2000"，单击"确定"，如图 4-28 所示。

图 4-28 CO_2 激光打标机网络设置界面

（2）在大族激光打标控制软件 V6.0 主界面左侧下方"特性列表"下选择"条码"功能，完成对条码类型的设置。例如，本项目中，条码类型选择"QR"，即二维条码。

（3）单击"设置"，进入对象属性界面，可对二维码的尺寸 XY 进行设置，例如，设置"X"为 15.853，"Y"为 15.650，单位为 mm，单击"应用"即可完成对尺寸的设置，如图 4-29 所示。

（4）进入"通用/高级"工具栏，首先，在"通用"界面中，针对打标次数、打标速度（mm/s）、空跳速度（mm/s）、Q 频（kHz）、功率（%）进行设置。例如，"打标次数"设置为 1，"打标速度（mm/s）"设置为 800，"空跳速度（mm/s）"设置为 500，"Q 频（kHz）"设置为 10，"功率（%）"设置为 30，如图 4-29 所示。

（5）在"高级"界面中，针对激光开延时（μs）、激光关延时（μs）、跳转延时（μs）、拐弯延时（μs）、层延时（μs）进行设置。例如，"激光开延时（μs）"设置为 300，"激光关延时（μs）"设置为 300，"跳转延时（μs）"设置为 500，"拐弯延时（μs）"设置为 10，"层延时（μs）"设置为 1000，如图 4-29 所示。

（6）在"扩展属性"下勾选"可变文本"，输入一个别名，单击"应用（A）"即可完成设置。

注意：参数设置完成，请勿随意修改，否则打出的条码将不清晰。

（7）在大族激光打标控制软件 V6.0 主界面，选择"打标（M）"选项下的"通用打标（N）"，根据 PLC 传送过来的数据文本数据被替换并显示。当数据传送过来为 1 时，开始打标，打标内容为文本数据上一次发送过来的数据，如图 4-30 所示。

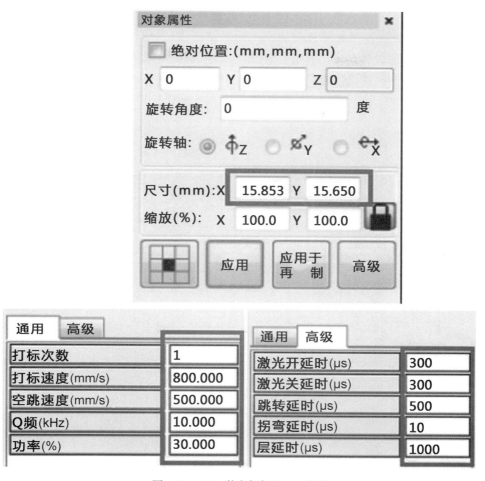

图 4-29　CO_2 激光打标机 QR 设置

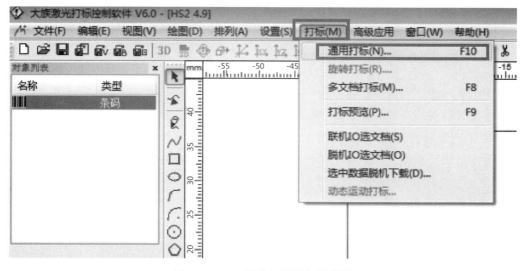

图 4-30　CO_2 激光打标机打标设置

（8）进入普通打标方式界面（见图4-31），在界面底部文本框里可能存在与socket网络连接的两种情况：一种情况是"与socket网络已连接"，表示通信连接成功，等待开始打标；另一种情况是"与socket网络已断开"，表示通信连接不成功，无法开始打标。当显示"与socket网络已连接"时，可以单击"开始"按钮，等待顺序运动时，PLC信号自动启动打印。注意：当在联机时，没有任何显示的情况下，不需要单击"开始"。

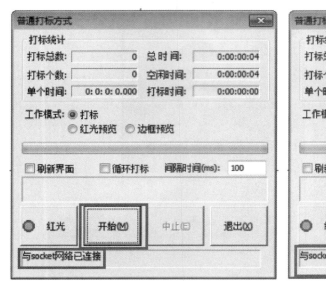

图4-31　联机操作界面

4.4.5　激光打标机与PLC通信

4.4.5.1　组态

打开S7-1200软件，在左侧工具栏中，依次选择项目树→程序块→添加新块→建立两个DB块，DB10和DB13。如图4-32所示，分别用鼠标右键单击"与打印机通信发送数据块［DB10］"和"与打印机通信发送数据块［DB13］"可以打开属性界面，对其属性进行修改。

以DB10为例，用鼠标右键单击"与打印机通信发送数据块［DB10］"，进入其属性界面，将单击"常规"下"属性"窗口，右侧选项中"优化的块访问"的勾取消掉，单击"确定"完成设置，如图4-33所示。

打开DB10和DB13，进入右侧操作界面可分别添加相应的名称、数据类型、访问权限。

以"与打印机通信发送数据块［DB10］"为例，设置名称为"Static_1"，"TCP通信标志位"，"TCP通信标志字"，数据类型分别为"布尔型数组""字型数组"，如图4-34所示。

以"与打印机通信发送数据块［DB13］"为例，设置名称为"Static_1"，数据类型

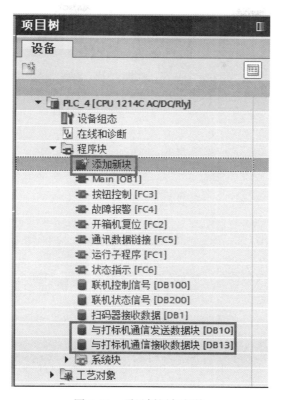

图 4-32 项目树添加新块

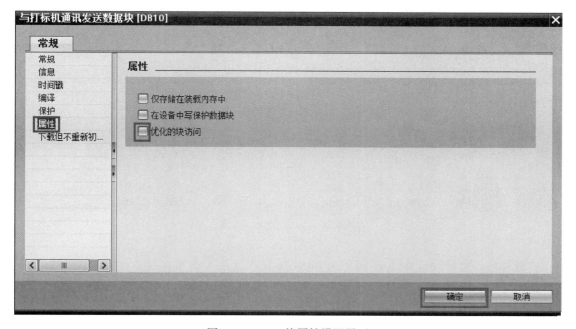

图 4-33 DB10 块属性设置界面

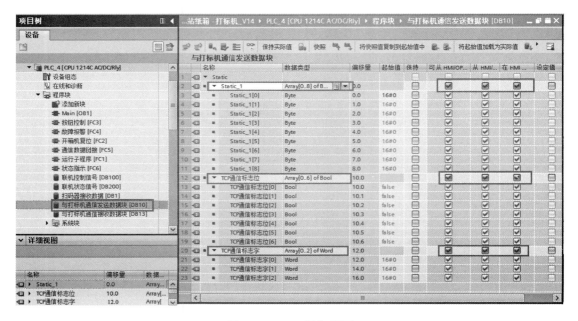

图 4-34　DB10 添加界面

为"布尔型数组",如图 4-35 所示。

　　所有接口参数以上设置完成后,需调用发送通信指令和接受通信指令,在右侧窗口中选择指令→通信→开放式用户通信中调用 TSEND_C(通过以太网发送数据)、TRCV_C(通过以太网读取数据)指令,如图 4-35 所示。

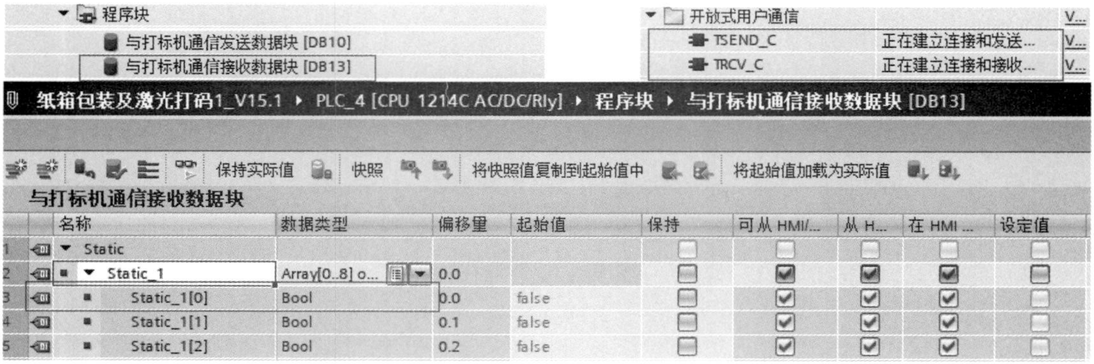

图 4-35　DB10、DB13 设置

　　TSEND_C 指令设置并建立 TCP 或 ISO-ON-TCP 连接,设置并建立连接后,CPU 会自动保持和监视该连接。选择"单个实例"选项生成背景 DB 块,单击"确定",然后单击指令块下方的"下箭头",使指令展开显示,各参数设置如下。

　　(1) ＊REQ 指上升沿启动,启动信号定义为"M2.3",调用时执行"开启发送指令"功能,如图 4-36 所示。

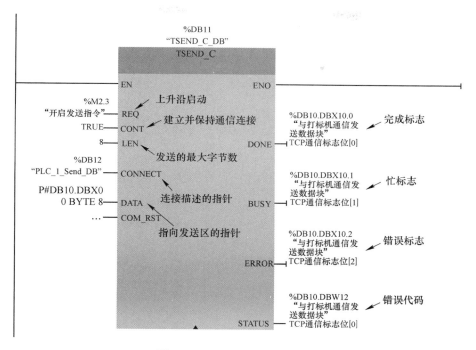

图 4-36　TSEND_C_DB 注释图

（2）＊CONT 用于控制通信连接，根据"0：断开连接；1：建立并保持连接"的定义，控制通信设置发送数据（在参数 REQ 的上升沿时）参数 CONT 的值为"TRUE"，功能为建立或保持连接，如图 4-36 所示。

（3）＊LEN 指通过作业发送的最大字节数，如果在参数 DATA 中使用纯符号值，则 LEN 参数的值必须为"0"。如图 4-36 所示，设置 LEN 为最大字节数"8"，如图 4-36 所示。

（4）＊CONNECT 指向连接指数的指针，其中指定的连接描述用于设置通信连接，指针指向"DB12 块 PLC_1_send_DB"，如图 4-36 所示。

（5）＊DATA 指向发送区的指针，该发送区包含待发送数据的地区和长度。指针指向发送区：P#DB10，地址：DBX0.0，长度：8，如图 4-36 所示。

（6）＊DONE 指状态参数，可具有以下值"0：作业尚未启动或仍在执行；1：作业已执行，且无任何错误"。参数定义为"％DB10. X10. 0"，功能为"与打标机通信发送数据块"，TCP 通信标志位 ［0］ 代表完成标志，如图 4-36 所示。

（7）＊BUSY 指状态参数，可具有以下值"0：作业尚未启动或已完成；1：作业尚未完成，无法启动新作业"。参数定义为"％DB10. X10. 1"，功能为"与打标机通信发送数据块"，TCP 通信标志位 ［1］ 代表忙标志，如图 4-36 所示。

（8）＊ERROR 指状态参数，可具有以下值"0：无错误；1：出现错误"。参数定义为"％DB10. X10. 2"，功能为"与打标机通信发送数据块"，TCP 通信标志位 ［2］ 代表错误标志，如图 4-36 所示。

（9）＊STATUS 指令的状态，如图 4-36 所示，定义为 "%DB10. DBW12"，功能为 "与打标机通信发送数据块"，TCP 通信标志字［0］代表错误代码，如图 4-36 所示。

TRCV_C 通过以太网接收数据，将设置并建立 TCP 或 ISO-ON-TCP 连接，设置并建立连接后，CPU 会自动保持和监视该连接。选择 "单个实例" 选项生成背景 DB 块，单击 "确定"，然后单击指令块下方的 "下箭头"，使指令展开显示，各参数设置如下。

（1）＊EN_R 用于启用接收功能，可以默认为 1。M0.5 输入频率为 1Hz 脉冲，即每隔 1 秒输入一次，如图 4-37 所示。

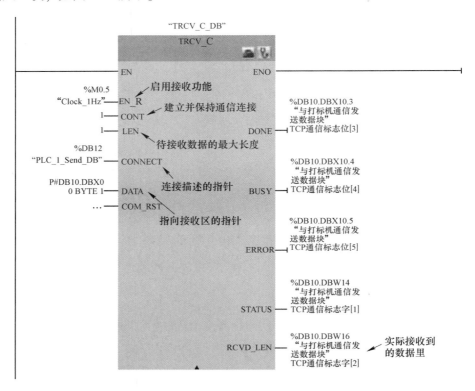

图 4-37 TRCV_C_DB 注释图

（2）＊CONT 控制连接的建立，而与 EN_R 参数无关，CONT 参数的行为部分取决于使用的是设定连接还是组态连接。当为 0 时断开通信连接，当为 1 时建立并保持通信连接。CONT 值设定为 1，建立并保持通信连接，如图 4-37 所示。

（3）＊LEN 为需要发送的最大字节长度，如果这个值设为 0 就会接收 DATA 指定的数据长度，如果 LEN 的值大于 DATA 定义的待发送数据的长度，比如 DATA 里面设定数据长度 10 个字节，LEN 就不能大于 10，不然指令参数 STATUS 会输出错误代码 8088，当数据块是优化访问权限的结构化变量时，LEN＝0。LEN 的值为 1，待接收数据的最大长度为 1，如图 4-37 所示。

（4）＊CONNECT 指向连接参数的指针，其中指定的连接描述用于设置通信连接。指针指向 "DB12 块 PLC_1_send_DB"，与 TSEND_C 指令中 "CONNECT" 参数设置相一致，如图 4-37 所示。

（5） ＊DATA 指向接收区的指针，该接收区包含要接收数据的地址和长度，接收结构时，发送端和接收端的结构必须相同。当指针是 P#DB13.DBX0.0 BYTE 1，是指针指向 DB13 数据块，从 DB 块地址 0.0 开始的 1 个字节的数据，这样发送区就包含了数据的地址 DB13 的地址 0.0，数据的长度 1 个字节，P 指的是 ANY 数据类型的表示方式，ANY 数据类型实际是 80 位指针类型数据，如图 4-37 所示。

（6） ＊COM_RST 为重置连接，为 1 时重置现有连接，参数通过 TRCV_C 进行求值后将被复位，因此不应静态互连，如图 4-37 所示。

（7） ＊DONE 为状态参数，为 0 时作业未启动或仍在执行，为 1 时作业已执行，且无任何错误，完成后会自动复位，需要自己锁存状态，来判断连接情况，如图 4-37 所示。

（8） ＊BUSY 为状态参数，为 0 时作业未启动或已完成，为 1 时作业执行中，无法开始新作业，如图 4-37 所示。

（9） ＊ERROR 为错误参数，为 0 时无错误，为 1 时有错误报警，如图 4-37 所示。

注意：TSEND 是异步执行的，所有需要在参数 DONE 或者参数 ERROR 的值变为 1 之前，发送区的数据要保持一致不要改动。

4.4.5.2 编程

（1） 发送数据时，REQ 上升沿触发一次，通信数据传送到打标机，其中若生产的产品为颗粒将发送 "1001" 到打标机，若生产的产品为液体将发送 "1002" 到打标机，该数据可在通信数据链接中修改，程序如下，如图 4-38 所示。

（2） 当 DB10.DBB0 发送 49（即 ACCSII 为 1），其余存储区为 0 时，打标机开始工作，程序如图 4-39 所示。

（3） 接收数据时，EN_R 设置为脉冲启动，PLC 一直检测激光打标机所传送过来的信号。当 DB13.DBX0.0 产生一个上升信号时，打标完成，程序如图 4-40 所示。

4.4.6 扫码器结构概况

扫码器是一种读取条形码信息的机器。利用发射出红外线光源，然后根据反射的结果，利用芯片来译码，最后再返回条形码所代表的正确字符。扫码器主要由：机身、识读窗、工作状态指示灯、可编程指示灯、蜂鸣器、USB 线接口等部分组成，如图 4-41 所示。识读窗为透明窗口，用来识读条码内容。蜂鸣器作为传感器使用，在扫码完成后做报警装置用，当通电后，工作状态指示灯亮，可编程指示灯闪烁表明。

4.4.7 微光互联软件装调

将 USB 接口线缆方形的一端插入扫码器底部的电缆接口；将接口电缆的另一端连接到主机；连接成功后，蜂鸣器会发出滴的提示音，产品的辅助照明会打开。在连接的主机上，打开配置工具。依次打开 "码制设置、输出方式、输出格式、控制设置" 等工具栏进行微光互联软件的设置。

模拟传感器信号启动打标数据发送

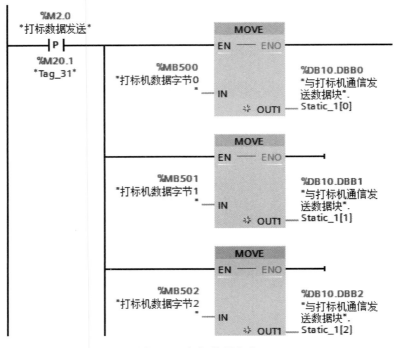

图 4-38 打标数据发送

模拟传感器信号启动打标开始

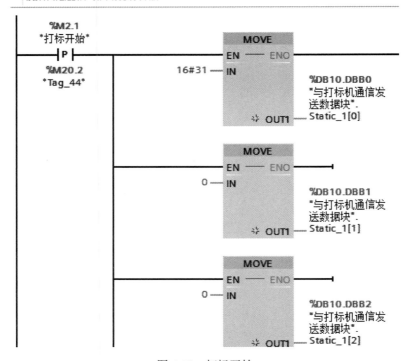

图 4-39 打标开始

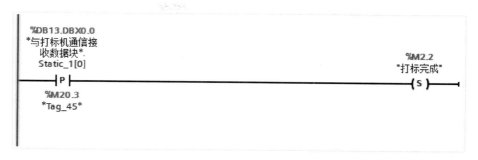

图 4-40 接收数据

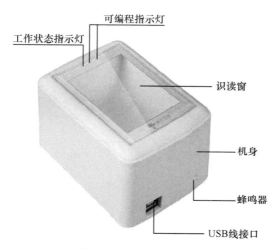

图 4-41 扫码器实物图

单击"码制设置",勾选"OR",勾选"条码",单击"保存"。OR 码是一种二维码,这种二维码能够快速读取,与条形码相比,OR 码能存储更丰富的信息,包括对文字、URL 地址和别的类型数据加密。

单击"输出方式",设置实际连入无线网络的信息。主要包括"连入 WIFI SSID""认证模式""加密方式""密钥"。例如,"连入 WIFI SSID"为"YL-2I","认证模式"为"WPA2PSK",加密方式为"AES","密钥"为自己设置的密码。设置服务器时,方式选择"TCP/IP","服务器地址"填写安装［二维码写入 PLC 服务端软件］的电脑 IP 地址,服务器端口为 9600。设置完成后单击"保存",如图 4-42 所示。

单击"输出格式",用于设置条码格式。"条码二维码前后缀格式"为"char"字符格式,"NFC 前后缀格式"为"char"字符格式,单击"保存"。

单击"控制设置",用于对解码模式,扫码间隔,扫码模式进行设置。解码模式勾选"引擎 2 解码",扫码间隔为 2000 ms,扫码模式为"普通扫码模式",单击"保存"。

单击"关于",用于对版本信息和设备号进行设置,版本信息为灰色,一般不做修改,单击设备号,填写"0",即设备序号为 0,单击"保存"。

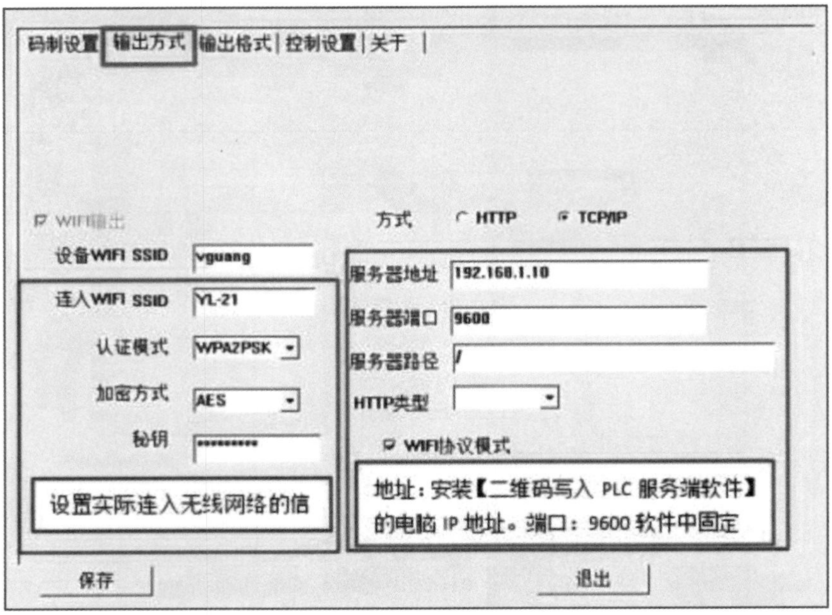

图 4-42　微光互联软件设置

4.4.8　扫码器控制程序编译

新建一个 DB 块，将常规下的属性窗口中的"优化的块访问"的勾取消掉。因通信软件设置的 DB 块为 DB1，所以新建时最好新建为 DB1，若需要新建其他 DB 块，需按照新建的 DB 块对应修改软件的内部参数，例如新建"扫码器接收数据［DB1］"，对其名称、数据类型、偏移量进行设置，如图 4-43 所示。

图 4-43　扫码接收数据 DB1

连接好设备后，打开 软件，软件将自动打通连接。若需要修改内部参数，可打

开软件安装目录下的 Setting.yl 进行修改，如图 4-44 所示。

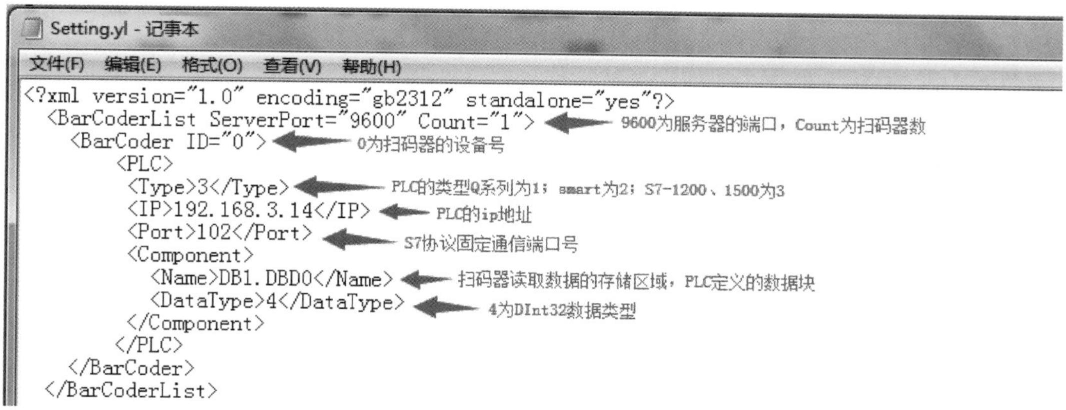

图 4-44 修改路径

（1）"BarCoderList SeverPort" 为服务器端口，数值为配置输出方式时填写的 "9600"。Count 为扫码器个数，有 1 台扫码器，可填写 "count = 1"。

（2）BarCoder ID 为设备号，填写配置 "关于" 时扫码器的设备号 "0" 即可。

（3）"<Type>3</Type>" 中 "3" 代表 PLC 的类型，Q 系列为 1；smart 系列为 2；S7-1200，1500 系列为 3。

（4）"<IP>192.168.3.14</IP>" 指 PLC 的 IP 地址为 "192.168.3.14"。

（5）"<Port>102</Port>" 指 S7 协议固定通信端口号。

（6）"<Name>DB1.DBD0</Name>" 指扫码器读取数据的存储区域，PLC 定义的数据块。"<DateType>4</DateType>" 指数据类型，"4" 为 DInt32 数据类型。

4.5 机器人上料包装调试

4.5.1 机器人上料包装概况

机器人装配单元采用两台西门子 S7-1200 系列 1214C DC/DC/DC 分别作为生产和实训。该单元由三菱机器人、颗粒输送带、液体输送带、两台欧姆龙视觉、控制柜组成。控制方式为按钮控制、机器人示教器、视觉控制器；状态指示方式为指示灯。

机器人装配工作站将颗粒包装产品或液体包装产品通过输送带，经过视觉检测产品是否合格，随后输送至待装配区，机器人将待装配区包装产品吸取至称重模块，检测重量是否合格，合格产品搬运至包装箱内，不合格产品搬运至废料槽内，每箱完成 5 袋产品装配。

针对三菱示教器操作界面的相关按钮进行介绍，在本项目中主要使用的功能包含 [EMG.STOP] 开关、[TB ENABLE] 开关、有效开关（位置开关）、[EMG.STOP] 开关、[F1] [F2] [F3] [F4] 键、[FUNCTION] 键、[STOP] 键、[OVRD↑] [OVRD↓] 键、[JOG 操作] 键、[JOG] 键、[HAND] 键、[CHARACTER] 键、[RESET] 键、[↑] [↓] [←] [→] 键、[CLEAR] 键、[EXE] 键、[数字/字符] 键等，具体功能可参照表 4-2。

表 4-2　三菱示教器操作界面功能介绍

按钮名称	执 行 功 能
[TB ENABLE] 开关	对示教单元按键操作有效或无效进行切换的开关
有效开关（位置开关）	[有效/无效] 开关 "[TB ENABLE]" 为有效时，如果松开"有效开关（位置开关）"或强力按压将进行伺服 OFF，动作中的机器人将立即停止
[EMG.STOP] 开关	进行伺服 OFF，使机器人立即停止
[SERVO] 键	在轻按 [有效开关] 的同时，如果按压该键机器人将进行伺服 ON
[FUNCTION] 键	在 1 个操作中，[F1] [F2] [F3] [F4] 键中分配的功能有 5 个以上时，对功能显示进行切换
[F1] [F2] [F3] [F4] 键	执行显示面板的功能显示部中显示的功能
[STOP] 键	使程序中断，使机器人减速停止
[OVRD↑] [OVRD↓] 键	改变机器人的速度手工变动值。按压 [OVRD↑] 键时速度手工变动值将增加，按压 [OVRD↓] 键时速度手工变动值将减少
[JOG 操作] 键	按照 JOG 模式使机器人动作。此外，输入数值时，进行各数值的输入
[JOG] 键	按压该键时，将进入 JOG 模式，显示 JOG 画面
[HAND] 键	按压该键时，将进入抓手操作模式，显示抓手操作画面
[CHARACTER] 键	示教单元可进行字符输入或者数字输入时，通过 [数字/字符] 键功能可在数字输入及字符输入之间进行切换
[RESET] 键	对出错显示进行解除。通过按压该键的同时按压 [EXE] 键，将进行程序复位
[↑] [↓] [←] [→] 键	将光标向各个方向移动
[CLEAR] 键	可进行数字输入或者字符输入时，通过按压该键可将光标所在位置字符删除 1 个字符
[EXE] 键	对输入操作进行确定。此外，直接执行时，在持续按压该键期间，机器人将动作
[数字/字符] 键	可进行数字输入或者字符输入时，按压该键时将显示数字或者字符

4.5.2　机器人上料包装流程

机器人上料包装流程主要包括颗粒包装到位检测、颗粒运行停止、机器人吸取、颗粒输送线运行、机器人搬运至称重模块称重等环节，如图 4-45 所示。详细流程如下。

（1）启动"急停复位"信号，设备准备就绪。

（2）启动"开始"信号，开始运行。

（3）判断包装袋装配数量，如果装配数量为（小于等于5包），继续执行运行流程；如果判断装配数量为（大于5包），运行结束。

（4）启动颗粒包装装配信号，颗粒输送线反馈，开始运行。如果是液体包装，同颗粒包装运行流程。装在滚筒线一侧的传感器检测到滚筒线输送的颗粒包装到位，反馈到位信号。

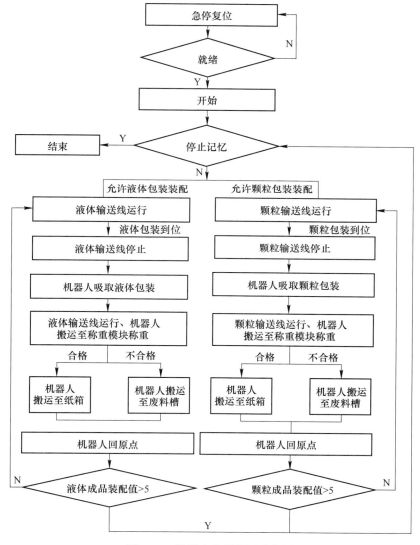

图4-45 机器人上料搬运流程图

（5）颗粒输送线停止运行，不再运送颗粒包装，颗粒包装停在传感器检测范围内。

（6）启动机器人装配信号，机器人到达颗粒包装位置，开始抓取颗粒包装。具体动作流程可参照3.4机器人上料包装虚拟仿真调试工作流程。

（7）装在滚筒线一侧的传感器检测到颗粒包装消失，启动颗粒输送线运行信号。同时，机器人抓取产品运送至称重模块，开始称重，具体动作流程可参照3.2.4节中机器人上料封装虚拟仿真调试下工作流程。

（8）通过称重检测颗粒包装是否合格，如果判断合格，则机器人抓取颗粒包装搬运至纸箱内进行封装，如果判断不合格，则机器人抓取颗粒包装运至废料槽，做废料处理。

（9）对颗粒包装成品执行上述流程后，机器人回到原点复位，称重器清零，判断成品装配值数量，如果数量小于等于5包，则继续执行步骤（4）~（8）的操作。如果数量大于5包，则运行步骤回到停止记忆环节，一切清零，上料封装环节结束。

4.5.3 机器人上料包装程序编译

基于机器人搬运颗粒包装的工作流程，针对机器人颗粒包装程序进行编译，可以分为输送线运行—传感器检测—取产品—称产品—装产品，共运行五次，详细程序编写可参照3.4节中机器人上料封装虚拟仿真调试。其中涉及的主要机器人程序指令见表4-3。

表4-3　三菱机器人指令介绍

指　令		用　途
插补指令	Mov	通过关节插补动作进行移动，直至到达目标位置
	Mvs	通过直线插补动作进行移动，直至到达目标位置
	Cnt	指定连续动作的开始和结束。示教器记录机器人运行点位时，可以选择以下两种情况：一种是减速停止；另一种是不进行加减速，进行平缓的插补动作直至到达最终点。 Cnt1：加减速有效（连续动作）； Cnt0：加减速无效（加减速动作）
抓手处理命令	HOpen	通过程序打开指定的抓手
	HClcose	通过程序闭合指定的抓手
	Dly	如果执行此命令，将按指定的时间进行等待后，转移至下一行后执行命令
子程序命令	GoSub	执行指定标识的副程序。 通过副程序中的 Return（返回）命令进行恢复
分支命令	IF Then Else	IF 语句中指定的条件式的结果成立时跳转至 Then 行，不成立时跳转至 Else 行
停止及 End 命令	End	对程序的最终行定义，如果将停止置于 ON，运行将在执行 1 个循环后结束

4.5.4 机器人上料包装运行调试

4.5.4.1 追加运动位置

机器人在取产品→称产品→装产品的过程中，需要夹爪按照一定的动作轨迹来完成相应的操作，根据其轨迹，可以归纳机器人运动的点位为：取产品（起始点 P0→过渡点 P1→抓取点 P2），称产品（抓取点 P2→过渡点 P3→称重点 P4），装产品（称重点 P4→装箱点 P5→初始点 P0），以上涉及的点位可以通过离线虚拟示教器追加位置，也可以通过在线真实示教器控制面板操作追加位置。离线情形追加位置已经在 3.2.4 节中进行了介绍，这里只介绍在线情况下如何追加位置。下面以过渡点 P1 和抓取点 P2 为例，介绍机器人示教器追加位置的具体步骤。

（1）示教器正常通电情况下，按下示教器背面按钮，使指示灯亮，示教单元按键操作有效；同时，持续拨动"有效开关（位置开关）"，并且单击操作面板"［SERVO］键"，进行机器人伺服驱动。

（2）单击示教器控制面板上的"F1"键，滚动条移动至"1. 文件/编辑"，单击"EXE"键，进入程序列表界面，选中程序"ZP"，再次单击"EXE"，进入机器人装配程序内。

（3）单击示教器控制面板上的"［↑］［↓］"键，使滚动条移动至"Mov P1"，即通过关节插补动作进行移动，直至到达目标位置 P1 指令下，单击"［JOG］"键，单击"F1"，选择示教器显示面板上的"关节"，移动"X，Y"键正负方向运动，到达 P1 位置后，再次单击"［JOG］"键，回到程序界面。

（4）单击示教器显示面板上"示教"对应的按键"F4"，当示教器显示面板呈现"P1 是否记录当前位置?"，单击面板显示"是"对应的按键"F1"，则 P1 位置被追加到控制器中。

（5）单击示教器控制面板上的"［↑］［↓］"键，使滚动条移动至"Mvs P2"，通过直线插补动作进行移动，直至到达目标位置 P2 指令下，单击"［JOG］"键，单击"F1"，切换选择示教器显示面板上的"直交"，移动"X，Y"键正负方向运动，到达 P2 位置后，再次单击"［JOG］"键，回到程序界面。

（6）单击示教器显示面板上"示教"对应的按键"F4"，当示教器显示面板呈现"P2 是否记录当前位置?"，单击面板显示"是"对应的按键"F1"，则 P2 位置被追加到控制器中。

（7）确保三菱机器人操作软件 RT ToolBox2 中，程序"ZP"关闭的情况下，选择"在线"模式下打开 ZP 程序，对比追加前后 P1、P2 位置发生变化，说明位置追加成功。

4.5.4.2 单步运行调试

单步运行调试是指在手动调节时，按步执行相应的程序，观察机器人装配动作是否到位，是否准确，是确保程序正常运行的主要手段，离线情况下的单步运行调试方法已经在 3.4.4 节中做了说明，这里只介绍在线情况下单步运行调试，其具体步骤如下。

（1）示教器正常通电情况下，按下示教器背面按钮，使指示灯亮，示教单元按键操作有效。同时，持续拨动"有效开关（位置开关）"，并且单击操作面板"［SERVO］键"，进行机器人伺服驱动。

（2）单击示教器控制面板上的"F1"键，滚动条移动至"1. 文件/编辑"，单击"EXE"键，进入程序列表界面，选中程序"ZP"，再次单击"EXE"，进入机器人装配程序内。

（3）如果机器人不在初始位置 P0，单击示教器控制面板上的"［↑］［↓］"键，使滚动条移动至"Mov P0"，即通过关节插补动作进行移动，直至到达目标位置 P0 指令下，单击"［FUNCTION］"键，长按示教器显示"移动"对应的 F1 键，观察机器人由其他位置回到 P0 初始位置。如果在初始位置，此步可省略，直接进入步骤（4）。

（4）单击示教器控制面板上的"［↑］［↓］"键，使滚动条移动至"Mov P1"，即通过关节插补动作进行移动，直至到达目标位置 P1 指令下，单击"［FUNCTION］"键，长按示教器显示"移动"对应的"F1"键，观察机器人由初始位置 P0 运动至过渡点 P1 位置。

（5）单击示教器控制面板上的"［↑］［↓］"键，使滚动条移动至"Mvs P2"，通过直线插补动作进行移动，直至到达目标位置 P2 指令下，单击"［FUNCTION］"键，长按示教器显示"移动"对应的 F1 键，观察机器人由过渡点 P1 位置运动至抓取点 P2 位置。

（6）除观察运动位置以外，还可以按照步骤（4）和步骤（5），使滚动条移动至"HClcose1"或者"HOpen1"，观察抓手是否在相应的位置合拢或者张开。

4.5.4.3 自动运行调试

自动运行调试是在追加运动位置和单步运行调试基础上，通过面板上按键的操作，使程序连贯运行。离线情况下自动运行调试已经在 3.2.4 节中进行了介绍，这里只介绍在线情况下机器人装配颗粒包装的自动运行调试方式，其具体步骤如下。

（1）示教器正常通电情况下，按下示教器背面按钮，使指示灯亮，示教单元按键操作有效。同时，持续拨动"有效开关（位置开关）"，并且单击操作面板"［SERVO］键"，进行机器人伺服驱动。

（2）单击示教器控制面板上的"F1"键，滚动条移动至"2. 运行"，单击"EXE"键，进入"<运行>"界面，单击示教器控制面板上的"［↑］［↓］"键，使滚动条移动至"3. 操作面板"，单击"EXE"键。

（3）单击示教器控制面板上的"F3"键，即选择示教器显示面板上"复位"功能，单击"F4"键，即选择示教器显示面板上"选择"功能，进入"<程序选择>"界面，填写程序名。

（4）单击示教器控制面板上的"［CHARACTER］"键，进行数字输入及字符输入之间的切换。在字符输入模式下，输入"ZP"，单击示教器显示面板上"关闭"对应的 F4 键，单击示教器显示面板上"启动"对应的"F1"键，当示教器显示面板呈现"ZP 是否启动程序？"，单击面板显示"是"对应的按键"F1"键，机器人按照程序执行连贯的装配动作。

4.6 智能包装单元装调实训

4.6.1 实训目的

（1）掌握气缸、传感器的组合运用；

（2）掌握贴标机、激光打标机、扫码器与 PLC 组成的综合运用。

4.6.2 实训器材

实训设备主要包括自动开箱机、胶带封箱机、贴标机、激光打码机、扫码器。在前述任务中针对主要设备的装调做了介绍，除此以外，还包括实训器件，比如光电传感器、磁性开关、气动控制系统等。对其名称，规格型号、用途、装调方法做了介绍，参照表 4-4 中知识可以进行相应的装调实训。

表 4-4 智能包装单元实训器件一览表

序号	名称规格	功 能	装 调 方 法
1	光电式传感器欧姆龙 CX-441（E3Z-L61）型光电开关	用来检测产品有无的漫反射放大器内置型光电接近开关（细小光束、NPN 型晶体管集电极开路输出）	动作转换开关装调：当开关按照顺时针方向充分旋转时（L 侧），则进入检测-ON 模式，当此开关按逆时针方向充分旋转时（D 侧），则进入检测-OFF 模式 距离设定旋钮装调：调整距离时注意逐步轻微旋转，否则若充分旋转会发生空转。首先，按照逆时针方向将距离设定旋钮旋到最小检测距离（E3Z-L61 约 20mm），然后根据要求距离放置检测物体，按顺时针方向逐步回转，找到传感器进入检测条件的点，拉开检测物体距离，按顺时针方向进一步旋转，传感器再次进入检测状态，一旦进入，向后旋转直到传感器回到非检测状态的点，两点之间的中点为稳定检测物体的最佳位置
2	磁性开关（安装在气缸外侧）	用来检测气缸活塞的位置，即检测气缸活塞运动行程	磁性开关安装位置装调：松开其紧固螺栓，让磁性开关顺着气缸滑动，到达指定位置后，再旋紧紧固螺栓。 磁性开关接线方式：磁性开关有蓝色和棕色两根引线。蓝色引出线连接到 PLC 输入公共端，棕色引出线连接到 PLC 输入端

序号	名称规格	功　能	装　调　方　法
3	气源处理装置（气动控制系统中的基本组成器件）	除去压缩空气中所含的杂质及凝结水，调节并保持恒定的工作压力	气源处理装置装调：检查过滤器中凝结水的水位，超过最高标线以前，必须排放，以免被重新吸入。气源处理组件的气路入口处安装快速气路开关，用于启/闭气源，把气路开关向左拔出时，气路接通电源；把气路开关向右推入时，气路关闭
4	气动执行元件（双作用直线气缸）	活塞的往复运动均由压缩空气来推动	气缸的两个端盖上都设有进排气通口，从无杆侧端盖气口进气时，推动活塞向前运动；从杆侧端盖气口进气时，推动活塞向后运动
5	气动控制元件（双电控二位五通电磁阀）	实现电-气联合控制，能实现远距离操作，在气动控制中广泛应用	电磁阀装调：用小螺钉旋具把加锁钮旋到 LOCK 位置，手控开关向下凹进去，不能进行手控操作。在 PUSH 位置，可用工具向下按，信号为"1"，等同于该侧的电磁信号为"1"；常态时，手控开关的信号为"0"。进行设备调试时，可以使用手控开关对阀

4.6.3　实验要求

（1）复位各气缸，使各气缸处于初始状态。

（2）运行设备后，首先取箱气缸打开，此时若没有检测到未成形纸箱，则复位取箱气缸，并回到初始状态；若检测到未成形纸箱，则进行下一步。

（3）取箱气缸到位后，打开吸箱气缸并保持，取箱气缸带着纸箱回到取箱到位位置。

（4）打开送箱气缸，打开成型气缸、分底盖气缸后关闭送箱气缸。随后依次折叠纸箱的前翼、后挡板、两侧的挡板，完成纸箱的折底。

（5）打开输送电机，关闭吸箱气缸，打开推箱气缸，纸箱随着输送带前进，完成贴带操作。由此完成一个纸箱的开箱操作，运行输送带至装箱等待区。

（6）通过传感器和气缸固定纸箱位置，机器人装箱完成，运行输送带往封箱区域送箱。

（7）运行封箱区 Q3.3 信号，封箱区将在检测到纸箱后自动对箱体进行封箱动作，封箱完成往旋转机区域送箱。

（8）旋转机根据如下 I/O：I4.5，I4.6，I4.7，Q4.1，Q4.2，Q4.3，Q4.4，将纸箱进行旋转并往贴标区送箱。

（9）纸箱分别经过贴标区、激光打标区、扫码区三个区域，使用各区域的电磁阀固定其位置，完成三个区域的操作后，使用启动按钮代替 AGV 到位信号，启动输送带将完整的纸箱送出本站。

4.6.4 I/O 分配表

智能包装生产线 I/O 分配是依据开箱、封装、整箱环节之间联动运行，展开传感器、气缸、伺服电机、电磁阀、贴标机、打标机、扫码器等电气设备与 PLC 控制器之间的输入输出综合运用，其开箱环节 I/O 分配设置了从取箱到纸箱成形之间的所有 I/O 信号（见表 4-5），封装环节 I/O 分配设置了从纸箱到位到物料上限之间的所有 I/O 信号（见表 4-6），整箱环节 I/O 分配设置从贴标到扫码之间的所有 I/O 信号（见表 4-7）。

表 4-5　开箱环节 I/O 分配表

纸箱包装单元	输入	纸箱包装单元	输出
取箱急停	I0.0	拆箱机警示红灯指示	Q0.0
启动按钮	I0.1	拆箱机警示黄灯指示	Q0.1
停止按钮	I0.2	拆箱机警示绿灯指示	Q0.2
取箱到位检测	I0.3	输送电机	Q0.3
取箱气缸前限检测	I0.4	前盖开气缸	Q0.4
侧盖气缸上限	I0.5	侧盖开气缸	Q0.5
后盖气缸上限	I0.6	后盖开气缸	Q0.6
推箱气缸前限	I0.7	推箱气缸	Q0.7
前盖气缸上限	I1.0	取箱开气缸	Q1.0
前盖气缸下限	I1.1	吸箱气缸	Q1.1
吸箱光电检测	I1.2	送箱气缸	Q2.0
输送进口检测	I1.3	分底盖气缸	Q2.1
胶带检测	I1.4	取箱气缸闭	Q2.2
FR1	I1.5	成型气缸	Q2.3
成型气缸后限	I2.0	侧盖气缸闭	Q2.4
成型气缸前限	I2.1	后盖气缸闭	Q2.5
推箱气缸后限	I2.2	前盖气缸闭	Q2.6
后盖气缸下限	I2.3	前盖两边气缸	Q2.7
侧盖气缸下限	I2.4	B 输送电机	Q3.0

表 4-6　封装环节 I/O 分配表

纸箱包装单元	输入	纸箱包装单元	输出
输送出口检测	I2.5	B 推料电磁阀	Q3.1
取箱气缸后限检测	I2.6	B 挡料电磁阀	Q3.2
纸箱到位停止	I2.7	包装机启动	Q3.3
B 启动按钮	I3.0	D 挡料 1 电磁阀	Q3.4
B 急停按钮	I3.1	D 推料 1 电磁阀	Q3.5
B 物料检测	I3.2	D 挡料 2 电磁阀	Q3.6
B 挡料下限	I3.3	D 推料 2 电磁阀	Q3.7
B 挡料上限	I3.4	D 输送机 FWD	Q4.0

表 4-7　整箱环节 I/O 分配表

纸箱包装单元	输入	纸箱包装单元	输出
D 挡料 1 上限	I3.5	复位按钮	I5.5
D 扫码器到位检测	I3.6	转换开关	I5.6
D 打标机到位检测	I3.7 C	急停按钮	I5.7
D 推料 1 后限	I4.0	旋转机滚筒方向旋转	Q4.1
D 挡料 2 上限	I4.1	旋转机包装机方向旋转	Q4.2
D 挡料 3 上限	I4.2	旋转输送运行	Q4.3
D 推料 3 后限	I4.3	C 旋转输送正转	Q4.4
D 推料 2 后限	I4.4	D 挡料 3 电磁阀	Q4.5
C 旋转机物料检测	I4.5	D 推料 3 电磁阀	Q4.6
C 旋转机滚筒方向限位	I4.6	D 输送机 REV	Q4.7
C 旋转机包装机方向限	I4.7	运行指示	Q5.0
贴标机_打印完成	I5.0	报警指示	Q5.1
贴标机_打印报错	I5.1	停止指示	Q5.2
贴标机_打印就绪	I5.2	贴标机_X16 启动贴标	Q5.3
贴标机到位检测	I5.3	贴标机_X17 重复打印	Q5.4
贴标检测	I5.4		

4.6.5　程序编译

　　程序编译在博图软件中进行，主要完成复位程序编写、开箱机程序、装箱等待区与封箱包装程序、旋转机程序、贴标机程序、打标机程序、扫码器程序等，具体可参照纸箱智能包装流程图执行，如图 4-46 所示。

　　明确 I/O 点对应的传感器和气缸、电机等执行器，编写复位程序，各气缸回到初始位置、旋转电机转到封箱机方向，注意单电控电磁阀和双电控电磁阀复位程序存在的不同。

　　编写开箱机程序，首先取箱气缸打开，此时若没有检测到未成形纸箱，则复位取箱气缸，并回到初始状态；若检测到未成形纸箱，则进行下一步。取箱气缸到位后，打开吸箱气缸并保持，取箱气缸带着纸箱回到取箱到位位置，打开送箱气缸，打开成型气缸、分底盖气缸后关闭送箱气缸。随后依次折叠纸箱的前翼、后挡板、两侧的挡板，完成纸箱的折底。打开输送电机，关闭吸箱气缸，打开推箱气缸，纸箱随着输送带前进，完成贴带操作。由此完成一个纸箱的开箱操作，运行输送带和 B 输送电机至装箱等待区。

　　编写装箱等待区与封箱包装程序，完成开箱后，等待区 B 挡料电磁阀伸出，当物料检测传感器检测到纸箱，停止 2 个输送电机，推料电磁阀伸出。在单机运行情况下可使用控制柜按钮仿真装箱完成信号，复位 2 个电磁阀使气缸缩回，随后运行 B 输送电机，物料检测传感器检测不到纸箱后，启动封箱包装机，B 输送电机在物料检测传感器检测不到纸箱延时几秒后停止运行。封箱包装机只需给一个启动信号，设备将在传感器检测到纸箱后，自动完成封箱工作，不需编写其他程序。

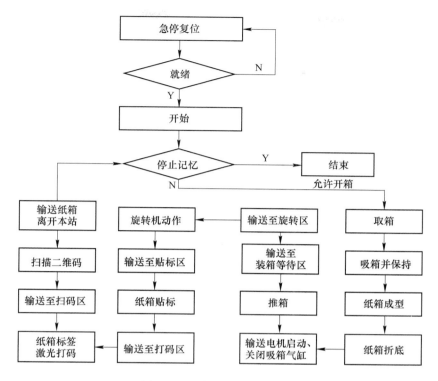

图 4-46 纸箱智能包装流程图

编写旋转机程序，旋转机初始方向为封箱包装机方向，物料检测传感器没有检测到纸箱时，启动旋转输送带，当物料检测传感器检测到纸箱后，延时几秒，停止旋转输送带和封箱包装机。随后启动旋转机滚筒方向旋转，并触碰到限位后马上停止旋转，若不及时旋转容易导致电机损坏。到位后，贴标机挡料（D 挡料 1）电磁阀伸出，启动旋转输送带并且方向为正转、D 区输送机正转。当纸箱离开旋转机，物料检测传感器没有检测到纸箱时延时几秒，停止旋转输送带及方向，并启动旋转机包装机方向旋转，并触碰到限位后马上停止旋转。

编写贴标机程序，当纸箱到达贴标机到位检测传感器上方，检测到信号后，停止 D 区输送机，贴标机推料（D 推料 1）电磁阀伸出，贴标机处于就绪状态下，触发贴标机启动贴标，接收到打印完成信号后，复位 2 个电磁阀使气缸缩回，打标机挡料（D 挡料 2）电磁阀伸出，启动 D 区输送机正转。

编写打标机程序，当纸箱到达打标机到位检测传感器上方，检测到信号后，停止 D 区输送机，打标机推料（D 推料 2）电磁阀伸出，触发打标机数据发送信号，延时几秒后，打标开始，接收到打标完成信号后，复位 2 个电磁阀使气缸缩回，扫码器挡料（D 挡料 3）电磁阀伸出，并复位打标完成信号，启动 D 区输送机正转。

编写扫码器程序，当纸箱到达扫码器到位检测传感器上方，检测到信号后，停止 D 区输送机，扫码器推料（D 推料 3）电磁阀伸出，将扫码器读取到的数据与打标机发送的数据进行比较，数据一致扫码完成，复位 2 个电磁阀使气缸缩回，在单机运行情况下可使用控制柜按钮仿真 AGV 到位信号，启动 D 区输送机正转，延时几秒后停止输送机。扫码器配置设置和接收数据程序如下。

微光互联软件设置：将 USB 接口线缆方形的一端插入扫码器底部的电缆接口；将接口电缆的另一端连接到主机；连接成功后，蜂鸣器会发出滴的提示音，产品的辅助照明会打开。在连接的主机上，打开配置工具，分别修改对应的参数，详见 4.4.7 节教程。

注意事项：

（1）没有特殊情况下，请勿调整设备的机械位置，避免设备运行不稳定；

（2）激光打标机打标较危险，打标时避免用手接触；

（3）本站气缸较多，设备运行时不要过于靠近设备避免气缸伤到人；

（4）PLC 程序不可出现双线圈现象。

4.6.6　调试运行

4.6.6.1　了解本站硬件

参考教程 4.1 节~4.4 节中关于包装产线设备的基本结构和操作，结合 YL-1812A 智能工厂实训室结构，了解包装单元各硬件的原理及操作方法。

4.6.6.2　切换实训 PLC

将生产 PLC 网口中的网线拔出，插入实训 PLC 的网口中；将生产 PLC 侧的线路板排线拔出，插入实训 PLC 侧的线路板插槽中。

4.6.6.3　调试运行

（1）在待开箱区将纸箱调整、摆放好，确认胶带已正确安装，检查气源是否处于正常给气状态。包装机各调节旋钮调节完成，可根据开箱情况进行微调，但不宜调节过大，避免开箱失败。

（2）按下动力柜的各配电箱的合闸按钮，将配电箱 1~3 中各站、插座电源、真空泵电源的开关上电。将真空泵开关从断气状态拨到给气状态。

（3）将各站控制柜的旋钮由 "0" 状态拨到 "1" 状态，再将控制柜中的漏电开关、空气开关打到上电状态，将开箱机旋钮拨到 "ON" 状态，启动旋钮旋开，按下 START，按 "ON/OFF" 开关键将主机打开，油水分离器都拨到进气状态。

（4）将贴标机开关打到上电状态，处于给气状态，打开主站电脑的贴标软件，打开桌面已保存的 "文档 1"，按下打印功能，打印数量可输入较大的值，在设备未断电的情况下，贴标机都可以动作，若重启设备，需再次进行操作设置，使贴标机处于就绪状态。

（5）将激光打标机空气开关打到上电状态，打开激光打标机电脑桌面上的 "HS2" 文件（激光打标机应先启动，否则打开文件会出现未响应状态），在菜单栏中单击 "打标" 选项，在下拉菜单中选择 "通用打标"，待界面显示网络已连接，表示打标机可正常通信打标，若显示网络已断开说明网线未连接好或纸箱包装单元控制柜未上电，检查并排除问题。

（6）按"扫码器结构装调"教程操作，供电 USB 线已连接在打标机主机上，打标机上电，扫码器也将上电，打开主站电脑的"二维码写入 PLC 服务端"软件，提示建立连接成功即可。

（7）将机器人示教单元的［TB ENABLE］开关打到无效状态，即黄灯熄灭，将控制柜的"机器人_模式"开关从左侧打到右侧，机器人进入自动运行状态。注意：将机器人打到自动状态前，必须先观察机器人运行是否安全，保证其不会与周围的设备和人发生碰撞，才可打到自动状态，使其自动复位，若存在安全问题，必须先手动将机器人运行到安全位置。

（8）上电完成后，检查气源是否处于正常给气状态，将输送线上多余的物品取走，颗粒包装与液体包装产品不影响，初始化准备完毕后，联机复位、启动将所有站的选择开关打到右侧，可在主站的触摸屏观察到联机信号状态，当处于联机状态后，确认以上初始化要求已满足，可直接单击主站的复位按钮或主站触摸屏的复位按钮，使所有站同时复位，当主站触摸屏的就绪信号都为绿灯后，所有站完成初始化。若发现哪个站未复位完成，根据复位要求检查该站情况。按下启动键启动，如遇紧急情况，按下停止键。

（9）观察纸箱成型、纸箱推出，完成开箱环节；气缸固定纸箱，机器人上料，气缸动作完毕，纸箱运行至封包机位置，封包完成转向器转向，完成封装环节；贴标机贴标，打码器打码，读码器读码完成。纸箱包装生产线调试运行完毕。

4.6.7 故障及防治

纸箱包装单元常见故障有电缆接口接触不良、端子接线错误和接口不良、电磁阀线圈电线接触不良、气管插口漏气等 12 处故障，装置侧常见故障及处理办法可参照表 4-8 执行。

表 4-8 纸箱包装单元常见故障及处理

序号	常见故障	处理方法
1	电缆线接口接触不良	检查插针和插口情况
2	端子接线错误和接口不良	用万用表检查接口
3	电磁阀线圈电线接触不良气管插口漏气现象	拆开接口维修 重插或维修
4	调节阀关闭至气缸不动	调整气流量
5	磁性开关不检测	调整位置或检查电路
6	传送带不动或打滑	检查电动机轴位置或调整同步轮及传送带
7	伺服电动机不动	检查伺服驱动器接线及参数设置
8	机械手转动不到位	调整回转气缸回转角度
9	机械手下降振动	检查并微调 4 个光轴平行
10	参考点接近开关不工作	调整位置或检查电路
11	伺服驱动器报警 AL380	检查左右限位行程开关或检查电路
12	伺服驱动器报警 AL210	检查编码器与伺服驱动器之间插头或电路

5 "四动课堂共育"教学设计实施——基于"纸箱包装单元虚实联调"项目

5.1 教学任务设计

根据职业教育国家教学标准要求,对接职业标准(规范)、职业技能等级标准等,优化课程结构、更新教学内容、契合层次定位,拓展教学内容深度和广度。公共基础课程内容应体现思想性、科学性、基础性、职业性、时代性,体现学科知识与行业应用场景的融合。专业(技能)课程内容应对接新产业、新业态、新模式、新职业,体现专业升级和数字化转型、绿色化改造。实训教学内容应体现真实工作任务、项目及工作流程、过程等。结合行业特征和专业特点,做好课程思政的系统性设计,有机融入科学精神、工程思维、创新意识、劳动精神、工匠精神、劳模精神等育人新要求,实现润物无声的育人效果。

以亚龙 YL-1812A 智能工厂为载体,构建"自动化生产线调试技术"课程内容,主要包括颗粒包装单元虚实联调、纸箱包装单元虚实联调、机器人装配单元调试、机器人搬运单元调试、立体仓储单元调试、MES 制造系统实训、智能生产线全线运行七个项目。

《项目二 纸箱包装单元虚实联调》为例,依据电气自动化技术应用岗位要求,在纸箱包装单元智能生产线基础上,引入数字孪生技术,依据数智产线调试工作流程,按照开箱、封装、整箱的顺序,将智能生产线分段调试,实现智能生产线正常运行,共计 8 个任务,每个任务 2 学时,共计 16 学时,任务主要包括任务 1 开箱结构虚拟仿真调试、任务 2 开箱结构生产线调试、任务 3 封装结构虚拟仿真调试、任务 4 封装结构生产线调试、任务 5 整箱结构虚拟仿真调试、任务 6 整箱结构生产线调试、任务 7 生产线联动调试与运行、任务 8 数智产线同步运行。

结合上述情况,按照设计、装调、联调、交付的工作过程,形成"3 虚+3 实+2 综合""虚实交替"递进式任务,开展适应企业岗位需求的应用性训练。数字生产线部分运行调试包括任务 1 开箱结构虚拟仿真调试、任务 3 封装结构虚拟仿真调试、任务 5 整箱结构虚拟仿真调试三部分;智能生产线部分调试运行包括任务 2 开箱结构生产线调试、任务 4 封装结构生产线调试、任务 6 整箱结构生产线调试三部分;由任务 7 生产线联动调试与运行,分别实现数字智能生产线的全线运行;由任务 8 数智产线同步运行,实现数字智能生产线的同步控制和运行。在教学任务中学生的主要核心能力和素质目标得到了较高的锻炼和提升,见表 5-1。

表 5-1 "四动课堂"教学内容一览表

序号	"四动"模式	学习任务	课程内容	教学场地	工作过程
1	"数动"教学	任务1 开箱结构虚拟仿真调试	3.2 开箱结构虚拟仿真调试	理实一体实训室	设计
		任务3 封箱结构虚拟仿真调试	3.3 封装结构虚拟仿真调试		
			3.4 机器人上料包装离线调试		
		任务5 整箱结构虚拟仿真调试	3.5 整箱结构虚拟仿真调试		
2	"智动"教学	任务2 开箱结构生产线调试	4.2 开箱结构装调	智能工厂综合实训基地	装调
		任务4 封箱结构生产线调试	4.3 封装结构装调		
			4.4 机器人上料包装调试		
		任务6 整箱结构生产线调试	4.5 整箱结构装调		
3	"联动"教学	任务7 生产线联动调试与运行	4.6 智能包装单元装调实训	智能工厂综合实训基地	联调
4	"互动"教学	任务8 数智产线同步运行	3.6 数字智能生产线同步运行与调试	校企合作单位	交付

5.2 学生学情分析

依托"五育并举"数字化教学平台,结合前序课程或者章节学习,分任务客观分析学生的知识和技能基础、认知和实践能力、学习特点等,翔实反映学生在学习数字生产线联动运行相关任务中,整体与个体情况数据,准确预判教学难点及其掌握可能。

以"数动"教学各任务为例,已经掌握了 PLC(S7-1200)与三菱机器人的基本指令,能够应用 PLC 实现简单的过程控制与调试,学生在部件安装、电气连接方面能力有所提高,并愿意挑战应用新技术、新工艺、新规范完成数字孪生方面的学习任务,以适应生产线数字化仿真应用岗位相关技能要求。但任务1学习前,在知识和技能基础方面,前序课程"工业机器人仿真技术"中已学习了 SFB 机器人模型,未学习 SFB 虚拟产线运行与调试;任务2、任务3在分岗活动中,劳动与协作精神、程序编写、现场调试及运维方面需持续加强,见表5-2。

表 5-2 "数动"教学各任务学情分析

序号	知识和技能基础	认知和实践能力	学习特点
任务 1	1. 在前序课程"工业机器人仿真技术"中已学习了 SFB 机器人模型，未学习 SFB 虚拟产线运行与调试； 2. 理解 PLC 编程控制方法，熟悉了供料加工与分拣输送单元的工作过程。	1. 能应用 PLC 实现简单过程控制与调试； 2. 能应用 SFB 软件完成工业机器人基本操作	通过前置项目学习，学生在部件安装、电气连接方面能力有所提高，并愿意挑战应用新技术、新工艺、新规范完成数字孪生方面的学习任务，以适应生产线数字化仿真应用岗位相关技能要求
任务 3	1. 掌握纸箱成形虚拟仿真调试方法； 2. 掌握了 PLC（S7-1200）与三菱机器人的基本指令； 3. 通过前序任务学习，熟悉了纸箱成型的工序	1. 能配置纸箱成形模型的基本属性； 2. 能操作工业机器人虚拟示教器； 3. 会利用 S7-PLCSIM 调试简单的 PLC 程序	喜欢在分岗协作情景中学习，在程序编写、现场调试及运维方面各有所长，在协作与创造性劳动、精益求精、科学严谨等方面需加强
任务 5	1. 掌握上料封装虚拟仿真调试方法； 2. 掌握了纸箱成形与上料封装的 PLC（S7-1200）指令； 3. 通过前序任务学习，熟悉了纸箱成型与上料封装的工序	1. 能配置纸箱成型与封装模型的基本属性； 2. 会利用 S7-PLCSIM 调试的 PLC 程序	在分岗活动中，劳动与协作精神有所提高，在程序编写、现场调试及运维方面需持续加强

5.3 教学目标确立

适应工业数字化改造新时代对技术技能人才培养的新要求，依据教育部发布的电气自动化技术专业教学标准、智能工厂综合实训教学条件建设标准（仪器设备装备规范）等有关要求，紧扣学校专业人才培养方案和课程标准，形成明确的教学目标，保证三维目标相互关联，重难点突出，与教学评价机制相适应可评可测。

以"数动"教学各任务为例，围绕纸箱包装数字化设计项目，对其岗位工作内容进行目标分析，总结起来，其知识目标主要包括各机构模型列表中属性设置和端口功能，数据映射关系；能力目标主要包括故障排查、PLC 及机器人程序编译；素质目标主要包括严谨细致操作规范、求实创新精益求精、责任担当，团结协作，并在后续任务中制定相应的评价标准。

确定教学目标的同时，总结分析形成针对任务的教学重难点，为教学实施教案设计提供目标支持，形成有效的解决方案，例如，在任务 1 中，"理清纸箱成型各步之间的逻辑顺序"既是重点也是难点，是建立信号连接的基础，同时由于纸箱成型机构动作细致，不易观察，需要老师结合端口调试，直观展示，帮助学生建立信号逻辑，理清纸箱成型各步之间的逻辑顺序，见表 5-3。

表 5-3 "数动"教学各任务教学目标、重难点及解决方案

序号	知识目标	能力目标	素质目标
任务 1	1. 掌握纸箱成形模型列表和属性端口的功能; 2. 理解纸箱成形模型与 PLC 之间数据映射关系	1. 会调用并识别纸箱成型模型各要素; 2. 能完成端口调试并排除故障; 3. 能按照逻辑顺序,编译 PLC 程序并调试运行	1. 养成严谨细致的操作规范; 2. 践行求实创新、精益求精的工匠精神; 3. 增强责任担当,团结协作意识
重难点	重点:1. 理清纸箱成型各步之间的逻辑顺序; 2. 纸箱成型模型与 PLC 之间的信号连接。 难点:厘清纸箱成型各步之间的逻辑顺序		
解决方案	重点解决方案:1. 结合"端口调试",理清信号逻辑,解决重点 1; 2. 结合"工作流程图""数据映射表",解决重点 2。 难点解决方案:结合"端口调试",模型反馈执行效果,直观观察各步之间的衔接,对位控制与位反馈之间建立相应的逻辑顺序		
任务 3	1. 知晓上料封装的模型列表和属性端口功能; 2. 理解上料封装中设备、机器人与 PLC 之间数据映射关系; 3. 掌握上料封装中虚拟仿真环境的构建流程,明确操作步骤	1. 会识别上料封装模型各要素,构建上料封装结构; 2. 能对上料封装结构进行端口手动调试,能排除故障; 3. 能利用 PLC 程序控制机器人及 SFB 设备完成上料封装的虚拟仿真调试	1. 养成严谨细致的操作规范; 2. 践行求实创新、精益求精的工匠精神; 3. 增强责任担当,团结协作意识
重难点	重点:1. 设置机器人上料封装过程中过渡点位置; 2. 使用信号量赋值方法进行机器人、单机运行调试。 难点:上料封装结构中转向器控制信号"与"操作故障排查		
解决方案	重点解决方案:1. 通过"动作示范",理解机器人运动点位(含过渡点)设置,解决重点 1; 2. 结合"信号连接图",理解使用信号量赋值进行单机调试的方法,解决重点 2。 难点解决方案:教师讲解示范,引导分析现象,小组探究,查找故障原因,教师学生活动互补总结,突破难点		
任务 5	1. 知晓贴标打码模型列表和属性端口的功能; 2. 理解贴标打码模型与 PLC 数据映射关系; 3. 掌握贴标打码虚拟仿真环境构建流程,明确操作步骤	1. 会识别贴标打码模型各要素; 2. 能端口调试并排除故障; 3. 能对照信号连接图,调用 PLC 程序完成贴标打码虚拟仿真调试; 4. 能联动调试产品包装工作站虚拟产线运行	1. 养成严谨细致的操作规范; 2. 践行求实创新、精益求精的工匠精神; 3. 增强责任担当,团结协作意识
重难点	重点:1. 完成气缸模型属性设置及侧翻故障排查; 2. 理解贴标打码模型与 PLC 之间的信号连接。 难点:贴标环节纸箱侧翻故障排查		
解决方案	重点解决方案:1. 通过引入"故障案例",融合"1+X"技能点开展"分组探究",解决重点 1; 2. 通过填写"任务单—输入输出表格",模型与 PLC 之间的信号连接,解决重点 2。 难点解决方案:以设置气缸模型属性三要素为切入点,融合"1+X"技能点展开"分组探究",解决难点		

5.4 教学实施设计

教学实施应注重实效性，突出教学重点难点的解决方法和策略，关注师生的有效互动，推动深度学习，采用现代信息技术收集教学过程真实数据，并根据反映出的问题及时调整教学策略。专业（技能）课程应积极引入典型生产案例，使用新型活页式、工作手册式教材及配套的信息化学习资源；实习实训应落实职业学校学生实习管理规定、岗位实习标准、实训教学条件建设标准等，合理运用虚拟仿真、虚拟现实、增强现实和混合现实等信息技术手段，通过教师规范操作、有效示教，提高学生基于任务（项目）分析问题、解决问题的能力。

5.4.1 "数动"教学实施

"数动"教学模式重在培养学生学习如何针对真实的纸箱包装生产线进行数字设计，以适应工业数字化改造过程中生产线数字化设计岗位的技能需求。针对真实产线进行数字化设计，实现数字孪生是产业升级的新技术，在学生学习知识，练习技能的过程中，注重结合"生产线数字化仿真应用"职业技能等级要求（中级）中的相关技能点，保证学生在日常学习中规范科学地锻炼自身技能，形成有效融合数字孪生新技术的"数动"课堂。

"数动"模式教学设计过程中，课程思政有效融入，贯穿始终。引入国产数字化设计平台（SFB），在使用的过程中能深刻感受大国重器的熏陶，同时结合职业发展观，建立较强的信心；结合已经完成的数字化设计项目，培养学生不断创新的职业习惯；在第二课堂高技能创新工坊中，通过校内校外双元教师结构小组指导，完成科研实践、竞赛拓展项目，逐步培养学生科学创新的工匠精神。

数字化教学资源和信息化教学平台促进三段式教学有效展开，课前任务预设阶段，通过资源自学、知识自测、操作自练进行数字化设计任务初探，培养自主学习的学习习惯。课中任务实施阶段，以行动导向教学法驱动任务实施，按照认知模型、端口调试、数据映射、信号连接、程序编译、调试运行的数字化设计步骤构建子任务，培养学生科学严谨、团结协作的职业素养。课后任务延伸阶段，以创新工坊为载体，形成科技服务、竞赛拓训为一体的职业适应性岗位训练，培养学生求实创新的职业素养，助力新时代数字工匠培养，见表5-4。

表5-4 "数动"教学——任务1实施（部分）

环节	教学内容	教师活动	学生活动
课前知识自测	数字模型基础知识 "生产线数字化仿真应用"职业技能等级要求（中级）<1.3.1>	通过平台发布端口属性功能和PLC控制程序等知识性测试习题	登录平台，阅读完成测试习题包括构建方法、模型功能、端口属性等，获取课前测评成绩

续表 5-4

环节	教学内容	教师活动	学生活动
设计意图	通过课前学测练，为把握教学重点，突破难点提供指导 思政：自主学习		
课中 任务实施	1. 明确生产流程：取箱→纸板加工→推箱→纸箱生成； 2. 结合三要素（实际生产流程、虚拟起始条件、结束条件）明确信号逻辑 《生产线数字化仿真应用》职业技能等级要求（中级）<1.2.2>	结合端口调试，讲解三要素 1. 示范选取端口列表，识别端口； 2. 讲解模型动作所对应接口及控制顺序	1. 单击"模型列表"中"进装箱线–包装线"及其下的"纸箱半成品加工区域"进入其"端口"，识别各端口； 2. 理解应用模型动作控制，建立信号逻辑
设计意图	1. 结合端口调试，观察动作效果； 2. 通过控制模型各端口，建立输入输出信号逻辑； 3. 细致观察、反复训练培养学生求实严谨的学习态度（思政）		
课后 任务延伸	引入机床数字模型端口调试案例，建立其信号逻辑关系，并上传学习平台测试	1. 教师开展预警辅导； 2. 教师开展线上答疑； 3. 企业导师指导实战	1. 预警学生复习自测； 2. 项目练习线上测试； 3. 小组竞赛拓训，与企业导师面对面交流
设计意图	针对学生知识测试、实操练习，对学生学习情况进行分层指导，明确预警对象进行辅导，明确创新工坊实践任务开展指导，积极发挥双元结构教师小组的作用，培养学生科学创新的学习态度（思政）		

5.4.2 "智动"教学实施

"智动"教学模式围绕电气自动化技术专业智能生产线实战项目为载体，结合真实的工作任务，真实工作流程学练，真实工作岗位体验进行构建。在"纸箱包装单元虚实联调"项目中，围绕胶带封箱机、贴标机、激光打标机、扫码器、机器人等相关智能包装设备及传感器、气动、伺服、PLC等电气器件构建装调任务，并通过程序编译，常按故障处理与检测进行实操训练。

"智动"教学依据教育部发布的电气自动化技术专业教学标准、智能工厂综合实训教学条件建设标准（仪器设备装备规范）等有关要求，紧扣学校专业人才培养方案和课程标准，围绕生产线调试与运维岗位相关技能点，有效融合"1+X""智能线运行与维护"的相关标准进行教学内容重构。

"智动"教学实施过程中，沿用企业班组进行分组管理，有效融合精益求精、专注敬业的职业精神，课前任务预设阶段，学生完成技术资料自学，对设备的基本结构进行自学自测，教师根据学生自测进行合理分组：四人一组，明确每名成员的明确分工，比如角色安排及负责任务，见表5-5。课中任务实施阶段，小组完成设备装调、程序编译、产线运行调试完成实战任务，并认真填写任务单。课后，企业导师通过线上平台交流、创新工坊集中指导等方式开展校企共同教学。在装调设备高度、检测距离、程序调整等方面追求科学严谨、精益求精。

表 5-5 小组成员分工及任务安排

序号	岗位角色	负 责 任 务
1	程序设计员	小组组长，负责整个项目的统筹安排并设计调试程序
2	机械安装工	负责纸箱包装单元的机械、传感器、气路的安装与调试
3	电气接线工	负责纸箱包装单元的电气接线
4	资料整理员	负责整个实施过程的资料准备整理工作

5.4.3 "联动"教学实施

"联动"教学模式是针对生产线运维岗位产线联动调试能力而探索的教学模式，在前序章节的学习下，学生具备了装调、编译和运行基础，但对生产线联动运行工作需着重加强安全规范、排查方面的反复训练。

结合"纸箱包装单元虚实联调"项目，学生在理解纸箱包装单元完整生产线工艺流程基础上，通过调整气动、机械结构，调试 PLC 程序，理解程序控制过程，驱动开箱机、封装机和整箱机的联动运行，以实现纸板折叠、纸箱成型、装袋封口、贴标打码的完整生产过程，分组开展操作训练。

"联动"教学强调工作流程练习，建立适应产线联动运行的实施计划（见表 5-6），学生按照操作流程进行分组实练，课上视频连线的方式由企业导师抽查故障案例库中的故障案例进行排查方案口述考查，培养学生敬业专注的职业品质。

表 5-6 纸箱包装单元联动运行实施计划

序号	实施内容	主要要求	计划完成时间	实际完成时间
1	根据控制要求准备材料			
2	安装机械部分、传感器、电磁阀			
3	气动回路设计、安装、调试			
4	电气线路设计与连接			
5	程序编译与调试			
6	文件整理			
7	总结评价			

5.4.4 "互动"教学实施

"互动"教学是在前序各任务环节基础之上实施完成，其互动含义主要体现在以下几个方面：在教学内容上，实现数字智能生产线同步运行，即构建双线互动教学内容；在教师结构上，构建校内校外教师双元结构教师小组，实现学生与企业导师的双向影响，加深延续学生学习与职业发展的双向互动。

　　学生在数字生产设计调试和智能线运行与维护教学环节中，基本掌握了产线设计与调试的基本知识和技能，各项技能基本符合"1+X"职业技能等级标准。在"互动"教学中，重点练习通过网络设置与维护实现数字和智能生产线同步运行的技能操作。课前，将网络参数和工程文件发送给学生，自主学习相关内容。课中，按照企业班组再次分工，两名同学负责数字生产线运行监控，两名同学负责智能生产线运行调试，教师总结"六步启动"教学法，学生参照实操项目工作流程进行实操训练，见表5-7。企业导师在课堂上现场点评和总结，针对典型问题进行教学，课后参与企业数字化建设项目进行拓展学习，在此过程中内化学生职业发展的决心。

表5-7　实操项目工作流程——"互动"

序号	实操项目	工作流程	
1	安全检查	1. 是否佩戴安全头盔	（　）
		2. 是否穿工作服	（　）
		3. 是否穿防护工作安全劳保鞋	（　）
		4. 是否正确进行上电操作	（　）
		5. 是否做好电气隔离防护	（　）
2	设备调试	1. 开箱区是否正常	（　）
		2. 封装区是否正常	（　）
		3. 整箱区（贴标机）是否正常	（　）
		4. 整箱区（激光打码机）是否正常	（　）
		5. 供电、气路是否正常	（　）
3	同步运行	1. 纸箱包装生产线就绪	（　）
		2. 网络设置	（　）
		3. SFB数字产线数字孪生场景工程	（　）
		4. 服务器授权设置	（　）
		5. 测试通信	（　）
		6. 急停—复位—启动，同步运行测试	（　）
4	导师点评	1. 工作态度 2. 技术问题 3. 发展方向	
5	工作总结	1. 存在问题 2. 整改措施	

5.5　教学评价

　　深入贯彻落实"深化新时代教育评价改革总体方案"，持续开展教学诊断与改进，注重过程评价与结果评价相结合，探索增值评价、健全综合评价，关注育人成效、检验教学质量，促进学生全面成长。鼓励运用大数据、人工智能等现代信息技术开展教与学行为的精准分析,个性化评价学生的学习成果和学习成效。

关注教与学全过程的信息采集,针对目标要求开展教学与实践的考核与评价。根据子任务中主要知识点,建立技能训练的任务单,明确任务内容,形成过程评价的佐证材料,见表5-8;有效融合基于成果导向的评量表和评价标准,确定评量项目为规范意识(10%)、熟用知识(15%)、实操训练(55%)、态度质量及团队协作(20%)。评价方式为自评、企业导师评价、教师评价,其权重分别为20%、20%、60%。

表5-8 任务1任务单(部分)

任务单《任务1开箱结构虚拟仿真调试》		
子任务名称	实操过程记录	
子任务1: 认知模型	核对列表,请在对应的( )内打勾(5分) 纸箱1-包装线 ( ) 纸箱3-包装线 ( ) 电控柜支架(下有安装点)( ) 进装箱线-包装线 ( ) 纸箱生成器 ( ) 半成品加工区 ( )	请思考各部分的作用并罗列你的问题?(5分)

评量标准分为A~E五个等级(见表5-9)。以A等级为例,规范意识评量标准为:紧跟授课教师的进度和思路;时间控制舒紧适宜;实际操作规范有序。熟用知识评量标准为:课前课后测试按时完成;测试得分为优秀层次。实操训练评量标准为:能够率先完成实训项目,并演示成功;能够独立解决实施过程中碰到的问题,并经常帮助其他同学解决问题。态度及质量、团队协作评量标准为:虚心求教、积极参与小组讨论;能认真按时完成项目的各项需求、完成质量杰出;具有很强的团队合作能力和沟通能力,奖励积分5分。

表5-9 评量标准

评量项目	A(90~100分)	B(80~89分)	C(70~79分)	D(60~69分)	E(60分以下)
1. 规范意识(10%)	(1)紧跟授课教师的进度和思路; (2)时间控制疏紧适宜; (3)实际操作规范有序	(1)认真听讲、思考; (2)时间控制紧凑; (3)实际操作规范合理	(1)较主动; (2)时间分配不合理; (3)实际操作规范得当	(1)学习态度尚可; (2)时间分配混乱; (3)实际操作欠佳	(1)学习态度不端正; (2)实际操作不规范
2. 熟用知识(15%)	(1)课前课后测试按时完成; (2)测试得分为优秀层次	(1)课前课后测试按时完成; (2)测试得分为良好层次	(1)课前课后测试有拖沓,需要教师提醒完成; (2)测试得分为中等层次	(1)课前课后测试有拖沓,需要教师多次提醒完成; (2)测试得分为及格层次	(1)课前课后测试未完成; (2)测试得分为不及格层次

续表5-9

评量项目	A（90~100分）	B（80~89分）	C（70~79分）	D（60~69分）	E（60分以下）
3. 实操训练（55%）	（1）能够率先完成实训项目，并演示成功； （2）能够独立解决实施过程中碰到的问题，并经常帮助其他同学解决问题	（1）能够在规定时间内完成实训项目，并演示成功； （2）能够独立解决大部分实施过程中碰到的问题，并经常与其他同学讨论碰到的问题	（1）能在教师的帮助下完成实训项目，并演示成功； （2）需要在教师的帮助下解决实施过程中碰到的问题，教师强调多次的问题解决办法能够应用	（1）在组员的帮助下只能完成部分实训项目； （2）遇到问题都需要在教师的帮助下解决，教师强调多次的问题解决办法不能够应用	（1）不动手操作实践； （2）没有解决问题
4. 态度及质量、团队协作（20%）	（1）虚心求教、积极参与小组讨论； （2）能认真按时完成项目的各项需求、完成质量突出； （3）具有很强的团队合作能力和沟通能力，奖励积分5分	（1）虚心求教、参与小组讨论； （2）能认真按时完成项目的大部分需求、完成质量优良； （3）具有较好的团队合作能力和沟通能力，奖励积分4分	（1）较主动、态度上表现尚可； （2）按时完成项目的大部分需求、完成质量尚可； （3）团队合作能力和沟通能力一般，奖励积分3分	（1）学习态度尚可，参与小组讨论； （2）按时完成项目的一部分需求、完成质量欠佳； （3）团队合作能力和沟通能力尚可，奖励积分2分	（1）出言顶撞，服装仪容待加强； （2）基本没有完成任务； （3）不参与团队合作，奖励积分0分

结合文献，利用均量值模型进行增值评价，设置学生成绩为优良 A（≥80分）、合格 P（60~79分）和待达标 E（<60分）三个层次，分别设置权重，利用公式 $M = 4A + P - 4E$ 计算均量值，计算各等级人数比例结构均量值并分析其变化，如图 2-10 所示。

6 "智能传感器技术应用" 项目 "公益" 课程手册

你也许见过五彩斑斓的灯光闪烁，你也许见过华灯初上满街亮起的路灯，你也许听过响彻云霄的防空警报，你也许在超市见过售货员用电子秤称量货品，你也许经历过三年疫情电子体温计的陪伴，也许生活中你经历过或正在经历很多人类的发明……人工智能逐渐走向我们，但你知道是谁在帮助机器人的眼、手、鼻、耳工作吗？它的名字称作传感器。

为了更好地帮助同学们建立对自然科学学习的兴趣，衢州职业技术学院电气自动化技术专业"课程+公益"项目组特开设公益课堂，主要向同学们科普自动控制系统中传感器的应用，它在自动控制家族中可以充当"五官"的角色。例如，帮助自动控制系统获取温度、感知光源、发出警报等。项目组将带领同学们完成 LED 灯自动闪烁、蜂鸣自动警报器、制作电子秤、制作光控灯、制作温度计五个实训任务，帮助同学们了解传感器、走近传感器，见表 6-1。

表 6-1　"公益" 课程任务一览表

序号	活动主题	实验名称
1	一闪一闪亮晶晶	LED 灯自动闪烁
2	警报声声	蜂鸣自动警报器
3	秤在人心	制作电子秤
4	温暖的路灯	制作光控灯
5	抗疫路上的急先锋	制作温度计

其主要实训套件包括 Arduino Uno 主板、LED 灯、电阻、USB 电缆、面包板、杜邦线、蜂鸣器、电子秤套件、光敏传感器、继电器、LM35 温度传感器等，如图 6-1 所示。

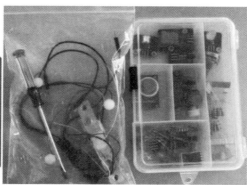

图 6-1　主要实训套件

6.1 任务1：LED 灯自动闪烁

6.1.1 基本介绍

夜晚，为了美观，城市高楼外表面会装设数量巨大的 LED 灯珠，通过大量 LED 灯珠闪烁 [见图6-2 （a）]，达到图案变化、文字显示等功能。LED 灯珠闪烁是依靠 LED 灯、电阻和控制器来实现闪烁功能的。

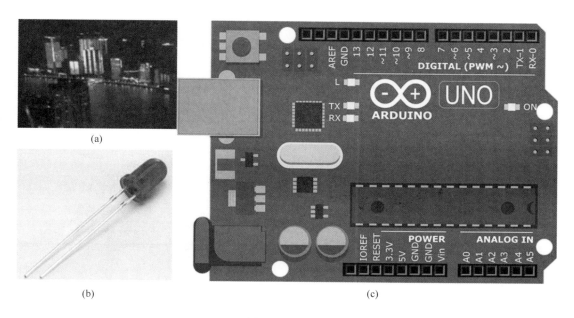

图 6-2 LED 灯

（a）生活中的 LED 灯装饰灯；（b）LED 灯珠；（c）Arduino Uno 主板

LED（Light Emitting Diode）即发光二极管，是一种将电能转化为可见光的固态半导体器件，它可以把电转化为光。LED 的心脏是一个半导体的晶片，晶片的一端附在一个支架上，使整个晶片被环氧树脂封装起来，其中较长的一端是正极，较短的一端是负极，如图 6-2（b）所示。

Arduino 是用来感应和控制现实物理世界的工具。它由一个基于单片机并且开放源码的硬件平台，和一套为 Arduino 板编写程序的开发环境组成。Arduino 可以用来开发交互产品，比如它可以读取大量的开关和传感器信号，并且可以控制各式各样的电灯、电机和其他物理设备。Arduino 项目可以是单独的，也可以在运行时和你电脑中运行的程序（如Flash、Processing、MaxMSP）进行通信。Arduino 的编程语言就像是在对一个类似于物理的计算平台进行相应的连线，它基于处理多媒体的编程环境，如图 6-2（a）所示。

6.1.2 实训目的

通过自主连接 LED 灯、电阻和控制器来了解自动控制的基本原则，同时加深对 LED 灯正负极的识记，会测算串联电路中电阻大小的选取，了解 Arduino Uno 主板数字控制端口的控制方式。

6.1.3 实训器件

在该实训中主要实训器件包括：Arduino Uno 主板用于 CPU 控制，LED 灯、电阻（220 Ω）用于分压保护 LED 灯、USB 电缆用于数据信号传输、杜邦线用作接线、面包板用于增加接线端子，见表 6-2。

表 6-2　LED 灯闪烁实训器件一览表

序号	名　称	数量/件	主要用途
1	Arduino Uno 主板	1	CPU 控制
2	LED 灯	1	代表灯具
3	电阻（220 Ω）	1	分压保护 LED 灯
4	USB 电缆	1	数据信号传输
5	面包板	1	增加接线端子
6	杜邦线	若干	用作接线

6.1.4 练习接线

（1）核对器件数量，外观，质量等情况。

（2）明确各端口的功能。重点说明一下面包板的使用方法：面包板为带有插孔的接线端子装置。可将正负极和端口引入面包板增加端子使用，其红线横向导通，可接电源正极；蓝线横向导通，可接电源负极；a、b、c、d、e 纵向导通，两两之间不导通，可用于引入控制端口，如图 6-3 所示。

（3）依次连接电阻（220 Ω），其端口 1 接 Arduino Uno 主板 3 号引脚，端口 2 接 LED 灯负极；LED 灯珠长脚（正极）接 Arduino Uno 主板电压源 5V 端口，短脚（负极）接电阻端口 2，见表 6-3。

6.1.5 编程思路

（1）正确设置 3 号引脚为输出端口。

（2）对 3 号端口写入高电平，延时 1s；对 3 号端口写入低电平，延时 1s。

（3）3 号端口控制 LED 灯亮灭，当 3 号端口高电平时，灯灭；当 3 号端口低电平时，灯亮。

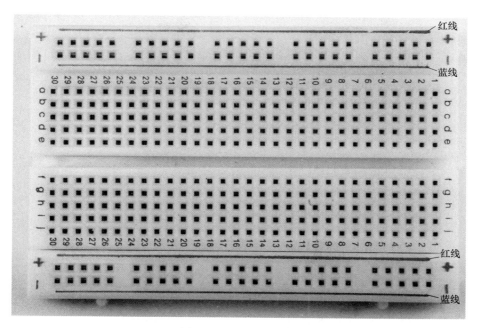

图 6-3　面包板实物图

表 6-3　制作 LED 灯闪烁端口接线一览表

序号	名　称	端口	接 线 说 明
1	电阻（220 Ω）	引脚 1	接 Arduino Uno 主板 3 号端口
		引脚 2	接 LED 灯短脚（负极）
2	LED 灯珠	长脚（正极）	接 Arduino Uno 主板电压源 5V 端口
		短脚（负极）	接电阻引脚 2

6.1.6　程序编译

```
#define led 3
void setup( ){
    pinMode(led,OUTPUT);
}
void loop( ){
    digitalWrite(led,LOW);
    delay(1000);
    digitalWrite(led,HIGH);
    delay(1000);
}
```

6.1.7　调试运行

（1）核对各端口接线，确认接线无误。

（2）将 Arduino 面板数据线 USB 端口接入电脑端，安装驱动软件，在我的电脑→属性→设备管理器下查看 UNO 端口。

（3）打开 Arduino IDE 编译环境，选择正确端口，如"COM3"。

（4）点击"上传"，程序上传至 Arduino。

（5）观察当前环境下 LED 灯闪烁。

6.2 任务2：蜂鸣自动警报器

6.2.1 基本介绍

电磁式蜂鸣器由振荡器、电磁线圈、磁铁、振动膜片及外壳等组成，接通电源后，振荡器产生的音频信号电流通过电磁线圈，使电磁线圈产生磁场，振动膜片在电磁线圈和磁铁的相互作用下，周期性地振动发声，如图 6-4 所示。其可在计算机、打印机、复印机、报警器、电子玩具、汽车电子设备、电话机、定时器等电子产品中作发声器件。

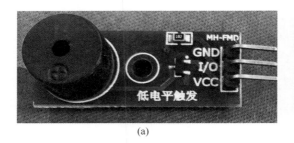

(a)   (b)

图 6-4 无源蜂鸣器（a）和空袭警报标志（b）

6.2.2 实训目的

利用无源蜂鸣器频率变化发出声音，模拟空袭警报声。声音特点为：频率为 200~800 Hz，声音效果为先增大，再减小，声音增大和声音缩小之间间隔 4s，每个频率之间的发声间隔为 5ms，以此，来理解报警发声装置的工作原理，如图 6-4 所示。

6.2.3 实训器件

在该实训中主要应用器件包括 Arduino Uno 主板用于 CPU 控制、无源蜂鸣器发出警报声音、USB 电缆用于数据信号传输、面包板用于增加接线端子、杜邦线用作接线，见表 6-4。

表 6-4 制作蜂鸣报警器实训器件一览表

序号	名　称	数量/件	主要用途
1	Arduino Uno 主板	1	控制器

序号	名　　称	数量/件	主 要 用 途
2	无源蜂鸣器	1	发出声音
3	USB 电缆	1	数据信号传输
4	面包板	1	增加接线端子
5	杜邦线	若干	用作接线

6.2.4　练习接线

（1）核对器件数量，外观，质量等情况；

（2）明确各端口的功能；

（3）将无源蜂鸣器的 VCC 引脚连接至 Arduino Uno 主板电压源 5V 端口，GND 引脚连接 Arduino Uno 主板电压源 GND 端口，I/O 引脚连接至 Arduino Uno 主板上 7 号端口，见表 6-5。

表 6-5　制作蜂鸣报警器端口接线一览表

序号	名　　称	端口	接 线 说 明
1		I/O	接 Arduino Uno 主板 7 号端口
2	无源传感器	VCC	接 Arduino Uno 主板电压源 5V 端口
3		GND	接 Arduino Uno 主板电压源 GND 端口

6.2.5　编程思路

（1）设置蜂鸣器 7 号端口为声音频率输出端口。

（2）按照频率从 200 Hz 升高至 800 Hz 发出声音，每个频率之间的发声间隔为 5 ms，声音效果为增大；频率增大循环完成后，延时 4 s。

（3）按照频率从 800 Hz 降低至 200 Hz 发出声音，每个频率之间的发声间隔为 10 ms，声音效果为减小。

（4）按照上述程序增大减小连续循环，声音效果为模拟空袭警报声。

6.2.6　程序编译

```
const int buzzerPin = 7;//the buzzer pin attach to
intfre;//set the variable to store the frequence value
void setup()
{
    pinMode(buzzerPin,OUTPUT);//set buzzerPin as OUTPUT
}
void loop()
```

```
    }
    for(int i = 200;i <= 800;i++)   //frequence loop from 200 to 800
    {
      tone(7,i);   //in pin7 generate a tone,it frequence is i
      delay(5);   //wait for 5 milliseconds
    }
    delay(4000);   //wait for 4 seconds on highest frequence
    for(int i = 800;i >= 200;i--)   //frequence loop from 800 downto 200
    {
      tone(7,i);   //in pin7 generate a tone,it frequence is i
      delay(10);   //delay 10ms
    }
  }
```

6.2.7　调试运行

（1）核对各端口接线，确认接线无误。

（2）将 Arduino 面板数据线 USB 端口接入电脑端，安装驱动软件，在我的电脑→属性→设备管理器下查看 UNO 端口。

（3）打开 Arduino IDE 编译环境，选择正确端口，如"COM3"。

（4）点击"上传"，程序上传至 Arduino。

（5）发出模拟空袭警报声。

6.3　任务3：制作电子秤

6.3.1　基本介绍

电子秤是常见的称量工具，它是怎么工作的呢？根据胡克定律，导体或半导体材料受到外界力作用时（拉力或压力），产生机械形变，导致输出电阻的变化，电阻应变片就实现了这项功能，如图 6-5（a）所示。

电阻应变片以电路的形式封装在悬臂梁内，在力 F 作用下，悬臂梁的上、下表面均产生微小的形变，称为应变。利用电阻应变片，将金属的应变转换成电阻值的变化，从而将重物重量转换成电阻、电流或者电压的变化，经过换算，就得到了重物的重量。在电子秤中只有电阻应变片还不能完成称重的工作，因为它的变化太微小，还需要 HX711 转换模块进行滤波放大，去除噪声并进行 AD 转换，如图 6-5（b）所示。

HX711 转换模块是为高精度电子秤而设计的 24 位 A/D 转换器芯片，该芯片集成了包括稳压电源、片内时钟振荡器等其他同类型芯片所需要的外围电路。该实训中，输入选择开关选取通道 A，与其内部的低噪声可编程放大器相连，其可编程增益为 128，对应的满

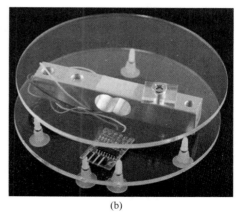

(a)   (b)

图 6-5　生活中的电子秤（a）和制作电子秤成品（b）

额度差分输入信号幅值分别为±20 mV。通道 B 则为固定的 32 增益，用于系统参数检测。芯片内提供的稳压电源可以直接向外部传感器和芯片内的 A/D 转换器提供电源，系统板上无须另外的模拟电源。芯片内的时钟振荡器不需要任何外接器件。上电自动复位功能简化了开机的初始化过程。

6.3.2　实训目的

结合日常生活中常见的称量工具——电子秤，可以认识电子秤的基本构件和基本原理。学生在实训中借助工具自行组装悬臂梁、HX711 转换模块、Arduino Uno 主板，明确悬臂梁内部电阻应变片利用差动全桥电路进行工作的原理，其作用为由于重量变化引起通过电阻应变片的电流变化，经过差动全桥电路得到放大信号，但该电压信号非常微小，通过 HX711 转换模块进行滤波放大和 AD 转换后，最终由控制器端口输出相应的重量，如图 6-6 所示。

(a)   (b)

图 6-6　悬臂梁（a）和 HX711 转换模块（b）

6.3.3　实训器件

在该实训中主要应用器件包括：Arduino Uno 主板用于 CPU 控制，无悬臂梁内部封装有电阻应变片、HX711 转换模块用于滤波放大及 AD 值转换，USB 电缆用于数据信号传输、面包板用于增加接线端子、杜邦线用作接线，见表6-6。

表 6-6　制作电子秤实训器件一览表

序号	名　　称	数量/件	主 要 用 途
1	Arduino Uno 主板	1	控制器
2	悬臂梁	1	输出微小的电信号
3	HX711 转换模块	1	滤波放大及 AD 值转换
4	USB 电缆	1	数据信号传输
5	面包板	1	增加接线端子
6	杜邦线	若干	用作接线

6.3.4　练习接线

（1）核对器件数量，外观，质量等情况。

（2）明确各端口的功能。

（3）依次连接悬臂梁上红线、黑线、绿线、白线至 HX711 转换模块输入侧的 E+、E-、A+、A-；HX711 转换模块输出侧 VCC 接 Arduino Uno 主板电压源 5V 端口，GND 接 Arduino Uno 主板电压源 GND 端口，DT Arduino Uno 主板数字信号 3 号端口，SCK 接 Arduino Uno 主板数字信号 2 号端口，见表6-7。

表 6-7　制作电子秤实训端口接线一览表

序号	名　　称	端口	接 线 说 明
1	悬臂梁	红线	接 HX711 转换模块 E+引脚
2		黑线	接 HX711 转换模块 E-引脚
3		绿线	接 HX711 转换模块 A+引脚
4		白线	接 HX711 转换模块 A-引脚
5	HX711 转换模块	E+	输入侧：接悬臂梁红线
6		E-	输入侧：接悬臂梁黑线
7		A+	输入侧：接悬臂梁绿线
8		A-	输入侧：接悬臂梁白线
9		VCC	输出侧：接 Arduino Uno 主板电压源 5V 端口
10		GND	输出侧：接 Arduino Uno 主板电压源 GND 端口
11		DT	输出侧：Arduino Uno 主板数字信号 3 号端口
12		SCK	输出侧：Arduino Uno 主板数字信号 2 号端口

6.3.5　编程思路

（1）设置 HX711_SCK 端口为 2，HX711_DT 端口为 3。

（2）定义 Init_Hx711（）函数，HX711_Read（void）函数，Get_Weight（）函数，Get_Maopi（）函数。

（3）编译 Init_Hx711（）函数，HX711_SCK 为输出，HX711_DT 为输入。

（4）编译 HX711_Read（void）函数，当 HX711_DT 为高电平，HX711_SCK 为低电平时表明 A/D 转换器还未准备好输出数据，否则开始读取。当 HX711_DT 从高电平变低电平后，即下降沿来临时，变量 Count 左移一位，右侧补零。HX711_SCK 应输入 25 个不等的时钟脉冲。其中第一个时钟脉冲的上升沿将读出输出 24 位数据的最高位，直至第 24 个时钟脉冲用来选择下一个 A/D 转换的输入通道和增益。

（5）编译 Get_Maopi（）函数，调用 HX711_Read（）函数。

（6）编译 Get_Weight（）函数，实物重量除以校准量 430。

（7）称重：初始化 HX711 模块连接的 IO 设置，获取毛皮，算放在传感器上的重物重量，显示单位并延时。

6.3.6 程序编译

```
//HX711. h
#ifndef _HX711_H_
#define _HX711_H_
#include <Arduino. h>
#define HX711_SCK 2
#define HX711_DT 3
extern void Init_Hx711( );
extern unsigned long HX711_Read( void);
extern long Get_Weight( );
extern void Get_Maopi( );
#endif
//HX711. cpp
#include "hx711. h"
long HX711_Buffer = 0;
long Weight_Maopi = 0,Weight_Shiwu = 0;

#defineGapValue 430
//初始化 HX711
void Init_Hx711( )
{
  pinMode( HX711_SCK, OUTPUT);
  pinMode( HX711_DT, INPUT);
}
//获取毛皮重量
```

```
void Get_Maopi( )
{
    Weight_Maopi = HX711_Read( ) ;
}
//称重
long Get_Weight( )
{
    HX711_Buffer = HX711_Read( ) ;
    Weight_Shiwu = HX711_Buffer ;
    Weight_Shiwu = Weight_Shiwu-Weight_Maopi ;//获取实物的 AD 采样数值。
    Weight_Shiwu = ( long ) ( ( float ) Weight_Shiwu/GapValue ) ;
    return Weight_Shiwu ;
}
//读取 HX711
unsigned long HX711_Read( void )//增益 128
{
    unsigned long count ;
    unsigned char i ;
    bool Flag = 0 ;
    digitalWrite( HX711_DT, HIGH ) ;
    delayMicroseconds( 1 ) ;
    digitalWrite( HX711_SCK, LOW ) ;
    delayMicroseconds( 1 ) ;
    count = 0 ;
    while( digitalRead( HX711_DT ) ) ;
    for( i = 0 ; i<24 ; i++ )
    {
        digitalWrite( HX711_SCK, HIGH ) ;
        delayMicroseconds( 1 ) ;
        count = count<<1 ;
        digitalWrite( HX711_SCK, LOW ) ;
        delayMicroseconds( 1 ) ;
        if( digitalRead( HX711_DT ) )
            count++ ;
    }
    digitalWrite( HX711_SCK, HIGH ) ;
    count ^= 0x800000 ;
    delayMicroseconds( 1 ) ;
    digitalWrite( HX711_SCK, LOW ) ;
```

```
        delayMicroseconds(1);
        return(count);
    }
    //HX711_5Kg
    #include "HX711. h"
    float Weight = 0;
    void setup()
    {
        Init_Hx711();//                        初始化 HX711 模块连接的 IO 设置
        Serial. begin(9600);
        Serial. print("Welcome to use! \n");
        delay(3000);
        Get_Maopi();                           //获取毛皮
    }
    void loop()
    {
        Weight = Get_Weight();                //计算放在传感器上的重物重量
        Serial. print(float(Weight/1000),3);//串口显示重量
        Serial. print("kg\n");                 //显示单位
        Serial. print(" \n");
        delay(1000);                           //延时 1 s
    }
```

6.3.7　调试运行

（1）核对各端口接线，确认接线无误。

（2）将 Arduino 面板数据线 USB 端口接入电脑端，安装驱动软件，在我的电脑→属性→设备管理器下查看 UNO 端口。

（3）打开 Arduino IDE 编译环境，选择正确端口，如"COM3"。

（4）点击"上传"，程序上传至 Arduino。

（5）观察 Arduino 操作界面串口显示当前重物质量，如 2.01 kg。

6.4　任务 4：制作光控灯

6.4.1　基本理论

6.4.1.1　光敏传感器

光敏传感器实际上是一个光敏电阻，它随着光强的变化而改变其电阻。光敏电阻的电阻随着入射光强度的增加而减小，换句话说，它表现出光电导性。光敏电阻可应用于光敏检测器电路，以及光敏和亮暗控制开关电路，如图 6-7 所示。

图 6-7 光敏电阻 (a) 和继电器 (b)

当有光照时，光敏电阻变小，串联电路中分得的电压变小，则 SIG 变小；无光照时，光敏电阻变大，分得的电压变大，则 SIG 变大，如图 6-8 (a) 所示。磁路由铁芯、铁轭和衔铁构成，它的任务是为线圈产生的磁通建立磁路通道。在磁路中，最重要的就是磁路气隙，它是衔铁和铁芯之间的一段空隙。线圈未通电时气隙为最大值，触点为初始态；线圈通电后，气隙为零，触点变位为动作态。反力弹簧的作用就是为衔铁提供与动作方向相反的斥力，当线圈断电后 它能帮助衔铁和触点复位，如图 6-8 (b) 所示。

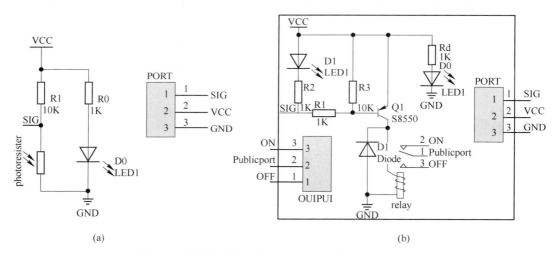

图 6-8 光敏传感器电路图 (a) 继电器工作电路 (b)

光控开关是通过光照强度的变化控制电路通信的开关，是生活中常见的自动控制开关。例如，马路上路灯在固定时间亮灭就可以使用光控开关。光控开关的主要目的是：白天光照充足时，通过光控开关关闭路灯；夜晚光照微弱时，通过光控开关开启路灯。

6.4.1.2 继电器

继电器由四部分构成，分别是线圈、磁路、反力弹簧和触点。线圈的用途是通电后，它能产生电磁吸力，带动磁路的衔铁吸合，并使得触点产生变位动作，如图 6-7(b) 所示。

磁路由铁芯、铁轭和衔铁构成，它的任务是为线圈产生的磁通建立磁路通道。在磁路中，最重要的就是磁路气隙，它是衔铁和铁芯之间的一段空隙。线圈未通电时气隙为最大值，触点为初始态；线圈通电后，气隙为零，触点变位为动作态。反力弹簧的作用就是为衔铁提供与动作方向相反的斥力，当线圈断电后，它能帮助衔铁和触点复位。

触点用于对外执行控制输出，它由常闭触点和常开触点构成。线圈得电继电器吸合后，常闭触点打开而常开触点闭合，线圈断电释放后，常闭触点和常开触点均复位为初始状态。

当继电器供电时，电流开始流经控制线圈，电磁体开始通电。然后衔铁被吸引到线圈上，将动触点向下拉，从而与常开触点连接。所以带负载的电路通电。然后断开电路会出现类似情况，因为在弹簧的作用下，动触头将被拉到常闭触点。这样，继电器的接通和断开可以控制负载电路的状态。

6.4.2 实训目的

利用光敏传感器接收光照环境变化，引起输出 AD 值发生变化。同时，IN 接口接到 Arduino Uno 板上，通过判断光照 AD 值范围，当大于某值时，发送低电平给 IN 引脚，PNP 晶体管通电，继电器的线圈通电，此时继电器的常开触点闭合，而继电器的常闭触点将脱离公共端口。反之，当小于某值时，发送高电平给 IN 引脚，晶体管断电，继电器恢复到初始状态。将继电器 com 端口、ON 端口或者 OFF 端口合理接线后，光控开关控制 LED 灯实现：白天时，灯灭；夜晚时，灯亮。

6.4.3 实训器件

实训中需要的器件包括光敏传感器，用于检测光照 AD 值，其上含四个引脚，例如，A0 是模拟信号的输出端口，D0 是数字信号的输出端口，VCC、GND 分别为传感器的正负极；继电器，用作保护开关，其上含输入侧和输出侧。输入侧含三个端口，DC+、DC−分别代表继电器的正负极，IN 为控制继电开关的信号端口；输出侧含 COM（公共端口）、NO（常开）、NC（常闭），代表输出侧有两路开关。除此以外，还需要 LED 灯、电阻、Arduino Uno 主板等器件，如图 6-9 所示。

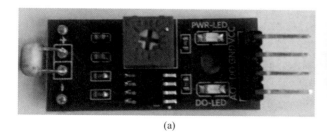
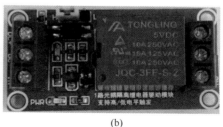

(a)   (b)

图 6-9 光敏传感器（a）和继电器（b）

制作光控灯的实训器件一览表见表 6-8。

表 6-8   制作光控灯的实训器件一览表

序号	名　　称	数量/件	主 要 用 途
1	Arduino Uno 主板	1	控制器
2	光敏传感器	1	检测光照 AD 值
3	继电器	1	用作保护开关
4	LED 灯	1	代表灯具
5	电阻（220 Ω）	1	分压保护 LED 灯
6	USB 电缆	1	数据信号传输
7	面包板	1	增加接线端子
8	杜邦线	若干	用作接线

6.4.4　练习接线

（1）核对器件数量、外观、质量等情况。

（2）明确各端口的功能。

（3）将光敏传感器 A0 引脚连接至 Arduino Uno 主板 A0 端口，VCC Arduino Uno 主板电压源 5V 端口，GND Arduino Uno 主板电压源 GND 端口；继电器输入侧 DC＋、Arduino Uno 主板电压源 5V 端口，DC－ 接 Arduino Uno 主板电压源 GND 端口，IN 接 Arduino Uno 主板数字信号 7 号端口；继电器输出侧作为开关，与电阻、LED 灯组成回路，用来控制电路通断。输出侧回路接线为：Arduino Uno 主板电压源 5V 端口接电阻引脚 1，电阻引脚 2 接 LED 灯正极（长），LED 灯负极（短）接继电器 COM 引脚，继电器 NO（常开）接 Arduino Uno 主板电压源 GND 端口，见表 6-9。

表 6-9   制作光控灯实训端口接线一览表

序号	名　　称	端口	接 线 说 明
1	光敏传感器	A0	接 Arduino Uno 主板 A0 端口
2		DO	暂时不接
3		VCC	接 Arduino Uno 主板电压源 5V 端口
4		GND	接 Arduino Uno 主板电压源 GND 端口
5	继电器	DC＋	输入侧：接 Arduino Uno 主板电压源 5V 端口
		DC－	输入侧：接 Arduino Uno 主板电压源 GND 端口
		IN	输入侧：接 Arduino Uno 主板数字信号 7 号端口
		NO（常开）	输出侧：接 Arduino Uno 主板电压源 GND 端口
		COM（公共端）	输出侧：接 LED 灯负极（短）
		NC（常闭）	输出侧：暂时不接
6	电阻（220 欧姆）	引脚 1	接 Arduino Uno 主板电压源 5V 端口
		引脚 2	接 LED 灯正极（长）
7	LED 灯	长脚（正极）	接电阻引脚 2
		短脚（负极）	接继电器 COM 引脚

6.4.5 编程思路

（1）设置7号端口为输出信号端口。

（2）通过光敏传感器A0端口读取当前环境温度的AD值，建立串口通信。

（3）更改光照环境，观察串口光照AD值，确定阈值。

（4）判断当前光照AD值与阈值的关系：当光照充足，AD值小于阈值时，对7号引脚写入低电平；当光照不足，AD值大于阈值时，对7号引脚写入高电平。

6.4.6 程序编译

```
const intphotocellPin = A0;
const intledPin = 7;
intoutputValue = 0;
void setup()
{
  pinMode(ledPin,OUTPUT); //set ledPin as OUTPUT
  Serial. begin(9600); //initialize the serial communication as 9600bps
}
void loop()
{
  outputValue = analogRead(photocellPin);//read the value of photoresistor
  Serial. println(outputValue); //print it in serial monitor
  if(outputValue <= 400) //if the value of photoreisitor is greater than 400
  {
    digitalWrite(ledPin,LOW); //turn on the led
  }
  else
  {
    digitalWrite(ledPin,HIGH); //turn off the led
  }
  delay(1000); //delay 1s
}
```

6.4.7 调试运行

（1）核对各端口接线，确认接线无误。

（2）将Arduino面板数据线USB端口接入电脑端，安装驱动软件，在我的电脑→属性→设备管理器下查看UNO端口。

（3）打开Arduino IDE编译环境，选择正确端口，如"COM3"。

（4）点击"上传"，程序上传至Arduino。

（5）观察当前环境下 LED 灯亮灭情况。主要表现为：光照充足，灯灭；光照不足，灯亮。

6.5 任务5：制作温度计

6.5.1 基本理论

6.5.1.1 LM35 型温度传感器

本实训中选取 LM35 型温度传感器制作温度计。LM35 系列是精密集成电路温度传感器，其输出的电压线性地与摄氏温度成正比。因此，比按绝对温标校准的线性温度传感器优越得多。LM35 系列传感器生产制作时已经过校准，输出电压与摄氏温度一一对应，使用极为方便，灵敏度为 10.0 mV/℃，精度为 0.4~0.8 ℃（−55~+150 ℃温度范围内），重复性好，低输出阻抗，线性输出和内部精密校准使其与读出或控制电路接口简单和方便，可单电源和正负电源工作，如图 6-10 所示。

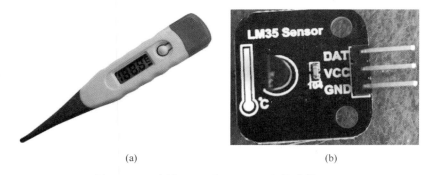

(a)　　　　　　　　　　(b)

图 6-10　温度计（a）和 LM35 温度传感器（b）

LM35 系列传感器使用内部补偿机制，输出可以从 0 ℃开始，封装为 T0992，工作电压 4~30 V。而且在上述电压范围内，芯片的工作电流不超过 60 VA。LM35 型温度传感器的输出电压线性地与摄氏温度成正比，0 摄氏度时输出为 0 V，每升高 1 ℃，输出电压增加 10 mV。LM35 型温度传感器通过控制器模拟端口读取当前环境温度的 AD 值，再根据其输出电压与摄氏温度的线性关系可以计算当前环境的温度，具体步骤如下。

（1）假设读取的 AD 值为 val，那么该 AD 值对应的电压（单位：mV）：

$$val * 5/1023 * 1000 = 4.8876 * val$$

（2）当前环境对应的温度（单位：℃）：

$$4.8876 * val/10 = 0.48876 * val$$

6.5.1.2 I^2C LCD1602 显示屏

本实训中采用 I^2C LCD1602 液晶显示屏，因为 LCD1602 液晶显示屏的弱点在于：当它们连接到控制器时，需要占用大量的 IO 口，但是一般的控制器没有那么多的外部端口，限制了控制器的其他功能。因此，使用 I^2C 总线的 LCD1602 液晶显示屏来解决该问题。I^2C LCD1602 液晶显示屏默认地址为"0×27"，可以显示 ASCII 码的英文字母、数字和标点符号，但不能显示中文，总共显示 2 行 * 16 个字符，模块最佳工作电压为 5.0 V，如图 6-11(a) 所示。

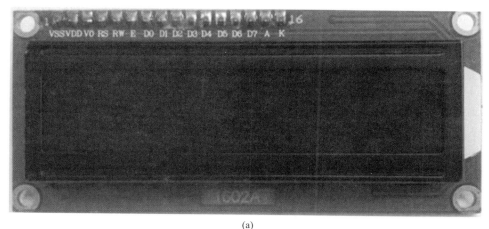

(a)

(b)

图 6-11　LCD1602 液晶显示屏正面（a）和显示屏背面（b）

LCD1602 液晶显示屏背面安装的转接板实现 I^2C 串行总线功能，I^2C 仅使用两个双向漏极开路线，串行数据线（SDA）和串行时钟线（SCL），通过电阻上拉，具有多主机系统所需的总线控制和高速或低速设备同步功能。转接板上的蓝色电位器用于调整背光，顺时针增强、逆时针减弱，以获得更好的显示效果。跳线帽用于设置是否带背光灯，插上跳线帽为带背光灯，拔掉跳线帽为取消背光灯，如图 6-11(b) 所示。

6.5.2　实训目的

LM35 型温度传感器通过 Arduino Uno 控制器模拟端口 A0 读取当前环境温度的 AD 值，按照换算关系 t = 0.48876 * val 计算当前温度值，并将该数值在 I^2C LCD1602 液晶显示屏和 Arduino Uno 控制器串口同时显示"LM35 = ××× ℃"，从而达到制作简易温度计的目的。

6.5.3 实训器件

实训中需要的器件包括 LM35 温度传感器，用于检测当前环境温度的 AD 值，其上含 3 个引脚，DAT 是模拟信号的输出端口，VCC，GND 分别为传感器的正负极；I^2C LCD1602 显示屏，用作显示温度示数，其上含 4 个引脚：VCC、GND 分别为显示屏的正负极，SDA 代表串行数据线，SCL 代表串行时钟线。除此以外，还需要 Arduino Uno 主板、面包板等器件，见表 6-10。

表 6-10　制作简易温度计的实训器件一览表

序号	名　称	数量/件	主要用途
1	Arduino Uno 主板	1	CPU 控制
2	I^2C LCD1602 显示屏	1	显示温度示数
3	LM35 温度传感器	1	检测温度值
4	USB 电缆	1	数据信号传输
5	面包板	1	增加接线端子
6	杜邦线	若干	用作接线

6.5.4 练习接线

（1）核对器件数量，外观，质量等情况。

（2）明确各端口的功能。

（3）首先连接温度读取装置：将 LM35 温度传感器 VCC 接 Arduino Uno 主板电压源 5V 引脚，GND 接 Arduino Uno 主板电压源 GND 端口，A0 接 Arduino Uno 主板 A0 端口。再接显示装置：I^2C LCD1602 液晶显示屏 VCC 接 Arduino Uno 主板电压源 5V 引脚，GND 接 Arduino Uno 主板电压源 GND 端口，SDA 数据信号接 Arduino Uno 主板 A4 端口，SCL 时钟信号接 Arduino Uno 主板 A5 端口，见表 6-11。

表 6-11　制作简易温度计实训端口接线一览表

序号	名　称	端口	接线说明
1	LM35 温度传感器	A0	接 Arduino Uno 主板 A0 端口
2		VCC	接 Arduino Uno 主板电压源 5V 端口
3		GND	接 Arduino Uno 主板电压源 GND 端口
4	I^2C LCD1602 液晶显示屏	VCC	接 Arduino Uno 主板电压源 5V 端口
5		GND	接 Arduino Uno 主板电压源 GND 端口
6		SDA	接 Arduino Uno 主板 A4 端口
7		SCL	接 Arduino Uno 主板 A5 端口

6.5.5 编程思路

（1）设置端口信息，设置 LCD 型号为 0x27，设置 Arduino 串口通信。

（2）通过光 LM35 温度传感器在 A0 端口读取当前环境温度的 AD 值，并通过换算关系式"t = 0. 48876 ∗ val"读取温度。

（3）显示屏 SDA 端口输出当前环境温度，按照（0，1）位顺序依次输出"LM35 = "；Arduino 串口显示"LM35 = "。

（4）显示屏 SDA 端口输出当前温度值，输出摄氏温度中的符号"°"，输出摄氏温度中的"C"。同理，Arduino 串口显示"××× ℃"。

6.5.6 程序编译

6.5.6.1 LCD1602 显示屏显示数据程序

```
// include the library code
#include <Wire. h>
#include <LiquidCrystal_I2C. h>
#define LM35 A0
/ ****************************************************************** /
char array1[ ] =" Arduino " ; //the string to print on the LCD
char array2[ ] =" hello，world! " ; //the string to print on the LCD
int tim = 500; //the value of delay time
int val = 0;
float temp = 0;
int temp1;
// initialize the library with the numbers of the interface pins
LiquidCrystal_I2C lcd(0x27,16,2) ; // set the LCD address to 0x27 0x3F for a 16 chars and 2 line display
/ ****************************************************************** /
void setup( )
{
Serial. begin(9600) ;
lcd. init( ) ; //initialize the lcd
lcd. backlight( ) ; //open the backlight
}
/ ****************************************************************** /
void loop( )
{
val = analogRead( LM35) ;
temp = val ∗ 0. 48876;
```

```
Serial. print("LM35=");
Serial. println(temp);
lcd. setCursor(0,0);
lcd. print("LM35 = ");
lcd. setCursor(8,0);
lcd. print((int)temp);//显示整数部分
lcd. print(".");
temp1 = (temp-(int)temp)*100;
lcd. print((int)temp1);//显示小数部分
lcd. print((char)223);
lcd. print("C");
delay(500);
}
```

6.5.6.2　LM35 温度传感器显示当前温度程序

```
#define LM35 A0
int val = 0;
float temp=0;
void setup()
{
Serial. begin(9600);
}
void loop()
{
val=analogRead(LM35);
temp=val*0.48876;
Serial. print("LM35=");
Serial. println(temp);
delay(1000);
}
```

6.5.7　运行调试

（1）核对各端口接线，确认接线无误。

（2）点击 Arduino 操作界面中的"文件"，选择"首选项"，在"设置"栏目下找到项目文件夹位置。例如，位置显示为"c：\ Users \ 齐健 \ Documents \ Arduino"点击浏览，将 ■ LiquidCrystal_I^2C 文件夹放在"libraries"下，用于检索库函数。

（3）将 Arduino 面板数据线 USB 端口接入电脑端，安装驱动软件，在我的电脑→属性→设备管理器下查看 UNO 端口。

（4）打开 Arduino IDE 编译环境，选择正确端口，如"COM3"。

（5）点击"上传"，程序上传至 Arduino。

（6）观察当前环境下显示屏显示情况。例如，在界面上显示"LM35 = 18.9 ℃"。如遇屏幕未显示温度的情况，可以通过电位器调整显示屏对比度进行调试。

7 "课程+公益" 思政模式研究与实践报告

7.1 分析意义

课程思政是高校立德树人的重要举措，公益思政是高校思政教育的新途径，是思政教育模式的一种全新探索，本着从小处着眼的原则，选择一些具有较强教育意义的社会热点项目或者重点建设目标（如乡村振兴、支教支农、疫情防控背景下的经济建设及社会关爱项目），实现高校与社会基层工作的有效对接，创造和提供渠道，让大学生参与社会生活，以己之言，观社会百态；以己之身，亲力践行；以己之思想，揣摩钻研；以己之人格，升华再造。通过志愿公益活动的亲身参与，大学生在学中做，在做中学，实现个人价值观的再造和升华，达到最初的育人目标。

"课程+公益"思政是两者的有效融合，是思政模式的创新途径。通过"课程+公益"思政，优势互补，形成课堂课程思政和课下公益思政的有效衔接的教学过程，利于全程育人；通过"课程+公益"思政，融合创新，构建符合服务需求的课程内容，实现"知识、能力、价值"的有效融合培养。

7.2 分析现状

文献调研发现，课程思政研究多体现在坚持以"学生为中心"的指导思想，在专业课程内采用拓展知识点睛知识元素，启发思维嵌入思政元素，依托项目渗透思政元素开展课程思政。电子信息类专业多在课程思政中强调"大国工匠"精神。

结合目前我校课程思政的现状来看，电子制图等课程的教学中，多采用引导学生主动去学习。通过电子元件、传感器尺寸参数故障会导致的后果，引入优秀毕业生和大国工匠案例，引导学生学习对工作执着专注、作风严谨、精益求精、敬业守信、推陈出新的"大国工匠"精神。在电学课程实践教学中，安排具有企业背景的指导教师，引入企业对员工必要素质和基本规范的要求，引导学生遵守操作规范，培养学生具有良好的职业道德、职业精神和责任心，让学生意识到团队协作的重要性，不断提高学生的职业适应能力。

走访企业发现，与招到人相比，企业更愿意留住人，怎么留住人呢？除了招有专业知识的高职学生外，其实更愿意接受品德比较好的学生。用人单位多建议校方在日常的教学中多途径多方位地培养学生的精神素养，主要包括培养学生正确的价值观和责任感，吃苦耐劳精神，团队合作意识等。如何在有限的学业年限内培养学生的精神素养是衢州职业技术学院电气自动化教研团队积极探索的目标之一。

　　课程思政研究以课堂内挖掘思政元素为主要途径，多呈现显性德育，而以专业课堂为主，辅以公益课堂的方式开展教学的模式较少。从学校目前的教学现状来看，课程内化思政元素开展示范性课程的模式，或者单一的暑期活动，企业宣讲活动较为普遍，且呈现形式多以老师的指导讲授为主。探索"课程+公益"相结合教学模式，让学生在学习和反刍的过程中，自己学会树立正确的价值观和责任心，培养团队意识显得尤为重要。

7.3　分　析　内　容

　　当前在国内外多元思潮的冲击下，青年意识形态领域多样多变的特征更为明显。开展"课程+公益"思政模式实践与研究，增强学生"四个自信"意识，在实践中帮助学生升华，将德育与成才统一。根据既定目标，需要融合哪些思政元素及公益主题活动；如何将思政教育及实践融入课程实施中，实现"潜移默化、润物无声"人才培养过程；如何评价人才培养质量，建立持续有效的反馈与改进机制等三个问题，主要教学研究内容如下。

7.3.1　重构"知识、能力、价值"有机融合的"课程+公益"思政教学体系

7.3.1.1　构建"知识、能力、价值"有机融合的教学目标

　　专业课程教学任务中，根据专业人才培养目标，结合专业岗位职业能力要求，明确思政育人责任，融合思政元素与教学内容，培养学生形成良好的品德、职业精神和正确的人生观、世界观、价值观；公益课程任务中，从理论技能出发建设活动内容，让学生通过亲身体悟来实现思想政治觉悟的升华，达到"正三观""强能力""促发展"的目标，培养学生既具有个人的小德，也具有国家、社会的大德，树立价值观自信，确保立德树人根本目标的实现。

　　教师利用多种形式对学生开展座谈，深入掌握学生的学习特点、职业规划和精神素养。高职院校学生学习特点呈现：知识直观化，避免抽象；实践普遍化，避免满堂灌；活动丰富，避免单一。情感态度呈现：缺乏社会认同感，团队协作精神，责任担当等特点，40%的学生强调以自我为中心，60%的学生认为责任担当跟自己无关。从学生的学习特点来看，教师带领学生利用专业课堂里的知识，开展具有丰富活动的公益课堂，必然充满挑战，将课程思政的因素以隐性德育的方式潜移默化至两次学习过程中，逐渐内化学生责任担当、团队协作、吃苦耐劳精神。

7.3.1.2　重构"课程+公益"项目和任务

　　梳理课程知识内容，以五四精神、芯片危机、疫情助手、人工智能等案例为载体设计课程内容，结合专业课程相关的课程思政元素，重构专业课程教学项目及任务，培养学生树立"四个自信"意识；同时，以课程项目任务为载体，设置拓展实践任务，构建面向适应社区的公益科普活动，把思政小课堂同社会大课堂结合起来，在理论和实践的结合中，教育引导学生把人生抱负落实到脚踏实地的实际行动中来，影响学生的价值观和行为方式。

"智能传感器技术应用"课程是电气自动化技术的专业基础课程，在专业课程建设中，共设置 8 个项目，分别为传感器认知、力敏传感器、压电传感器、热敏传感器、光敏传感器、磁敏传感器、物位传感器、其他传感器。在探索"课程+公益"课程思政教学模式改革的过程中，基于学情特点和思政目标，选择前序项目中"LED 灯闪烁""电子秤制作""安全报警装置""温度计制作""光控灯" 5 个实验操作任务作为公益科普活动，与学校"中小学研学"活动相结合，开展公益课堂活动，见表 7-1。

表 7-1 课程任务建设

课程项目	课程任务	公益课程任务	考核阶段
传感器认知	LED 灯自动闪烁实训	点亮第一颗 LED 灯	阶段考核 1
力敏传感器	制作 5 kg 电子秤实训	电子秤制作	阶段考核 1
	蜂鸣器报警实训	安全报警装置	阶段考核 1
压电传感器	声音传感器实训	—	过程考核
热敏传感器	热敏电阻传感器实训	—	过程考核
	LM35 简易温度计	温度计制作	阶段考核 2
	DS18B20 简易温度计	—	过程考核
光敏传感器	光敏传感器实训	光控开关	阶段考核 3
	U 形光电传感器实训	—	过程考核
	红外传感器实训	—	过程考核
	激光传感器实训	—	过程考核
磁敏传感器	霍尔传感器实训	—	过程考核
	干簧管传感器实训	—	过程考核
物位传感器	PS2 操纵杆实训	—	过程考核
	电位器传感器实训	—	过程考核
	旋转编码器实训	—	过程考核
其他传感器	烟雾传感器实训	—	过程考核
	雨滴探测实训	—	过程考核

7.3.1.3 构建"课程+公益"思政资源库

结合专业岗位职业能力要求，以内容为主线，梳理与课程相关的"匠艺、匠心、匠魂"工匠精神、社会主义核心价值观、职业道德规范、爱国主义的课程思政元素和资源，构建"爱国主义""自立自强""责任担当""科学创新"等思政元素，丰富课程思政教学内容，结合公益实践活动——"抗疫路上的急先锋"，"一盏路灯点亮星途"等资源，让学生在理论与实践知识学习中体会学以致用的职业品质、团结协作的团队精神、乐于助人的行为素养，学生知行合一，想和做达到统一。

总体说来，在"智能传感器技术应用"课程教学中，课程思政融合途径实行"双线制"：一方面，在专业课程组中融合"科学发展""公平公正""感恩成长""温情奉献""环保节约"的思政元素，增强学生"四个自信"意识；另一方面，在公益课程中，学生通过实施公益科普活动，以"课程强技能、公益助成长"为主旋律，逐渐培养学生"有理想、有担当、有本领"的"三有"目标，见表7-2。

表7-2 公益课程任务建设（含思政）

课程部分任务		课程思政元素	公益课程内容	思政目标
项目名称	实训任务		活动主题	
传感器认知	LED 灯自动闪烁	科学发展	点亮第一颗 LED 灯	
力敏传感器	制作 5 kg 电子秤实训	公平公正	电子秤制作	有理想
压电传感器	蜂鸣器报警实训	感恩成长	安全报警装置	有担当
热敏传感器	LM35 简易温度计	温情奉献	温度计制作	有本领
光敏传感器	光敏传感器实训	环保节约	光控开关	

7.3.2 探索"课程+公益"实施模式，实现"知识、能力、价值"有机融合培养

7.3.2.1 任务驱动课程项目建设，助力"智能"工匠培养

根据课程特性，以学生为中心，根据知识、能力递进、有序培养为理念，从知识能力掌握递进过程对教学过程进行分解，采用"任务驱动、学中做、做中学"的教学理念，实现"知识、能力、价值"有机融合培养，打造"智能"工匠人才培养。

任务驱动课程项目建设，主要指在专业课程和公益课程中建立符合目标学情的任务，例如，在专业课程中构建相关知识和技能的任务，实现课中"课程强技能"，共建立9个项目18个任务。公益课程设置5个任务，除此以外，课中任务实施阶段，还要完成公益课堂团队分工、方案制定、方案研讨、活动预演等任务，见表7-3。

表7-3 公益课程任务驱动方法

实训任务	驱动方法	公益任务	驱动方法
LED 灯自动闪烁	1. 资讯；	点亮第一颗 LED 灯	1. 团队分工；
制作 5 kg 电子秤实训	2. 计划；	电子秤制作	2. 方案制定；
蜂鸣器报警实训	3. 决策；	安全报警装置	3. 方案汇报；
LM35 简易温度计	4. 实施；	温度计制作	4. 活动预演；
光敏传感器实训	5. 检查；	光控开关	5. 活动实施；
	6. 评估		6. 资料整理

7.3.2.2 活动驱动公益思政实施，助力"三有"人才培养

"公益"课程科普活动中，有机融入社会主义核心价值观，加强中国优秀传统文化教育，增强学生"四个自信"意识，主要的思想政治育人目标为"三有"，即"有理想、有担当、有本领"。

7.3.3 建立课程思政评价和反馈机制，提升课程思政育人、育才成效

7.3.3.1 建立基于"课程+公益"的课程思政评价机制

课程思政评价是围绕教师教学质量和学生学习效果而开展的综合性评定，结合教学实

施过程，以学生为中心，将过程性评价与终结性评价相结合，开展内容形式多元、多样的评价方式，完善的课程评价体系是保证课程思政有效实施的手段和方法。引入"课程+公益"思政后，学生学习的考核方式和评价机制也发生了相应的变化，例如：考核范围、内容、方式、评价模式等，需要进一步地合理设置评价标准和要求。依据考核范围分为针对学生在专业课堂的表现和公益课堂的表现分别评价，再进行总体的评价，见表7-4。

表7-4 反馈评价改进机制

考核方式	活动周次	任务名称	考核内容	评价依据	考核途径
过程考核	第8周	阶段考核1	1. 方案设计：为科普公益活动准备方案，了解科普对象情况，制作设计方案，以达到育人的目的； 2. 方案资料：以组为单位，发放给组长，含（PPT1份，指导方案1份，后勤计划1份，拍摄方案1份，程序文件一份）	1. 环境熟悉程度； 2. 考核基本操作； 3. 团队建设情况； 4. 方案构思情况； 5. 汇报现场表现	1. 平台作业； 2. 现场汇报
	第9周	阶段考核2			
	第10周	阶段考核3			
现场考核	第11—15周	公益活动	1. 活动实施：无安全事故，学生反映良好，氛围好； 2. 活动材料：照片、视频、任务单、美篇	1. 任务实施情况； 2. 学生反映情况； 3. 团队建设情况； 4. 安全保障情况； 5. 材料整理情况	1. 教师点评； 2. 学生自评； 3. 组间互评

7.3.3.2 建立课程思政评价反馈持续改进机制

评价反馈机制，便于掌握同学们对课程思政教学模式是否有认同感，便于进一步修改课程思政体系，提升课程思政的影响力。在评价反馈机制中，应该充分利用现代信息技术，开展形式多样的反馈评价机制。了解学生对课程思政教学模式的认同感，实现课程育人、反馈、改进的良性循环，进一步提升课程思政的育人功能和课程思政的影响力。

7.4 活动实施

7.4.1 在"课程+公益"中夯实任务及活动建设

课程教学分为专业课堂学习和公益课堂活动来开展。专业课程建设主要包括课程任务，例如，专业知识学习、传感器实训任务；资料建设，例如PPT、课程思政视频、作业库等，如图7-1所示。其中，课程任务中教师通过借助主题点睛，案例分享等方式，结合实训任务指导，对学生进行思想政治教育，即将思政因素融入指导实训任务的过程中。公益课程建设包括项目建设，例如，建设"第9章 公益课堂——课程思政"；公益课程实施手册等。结合开展的公益课堂活动设置实践任务，针对服务对象开展不同主题的科普活动，是学生自我感悟和教育的过程，如图7-2所示。

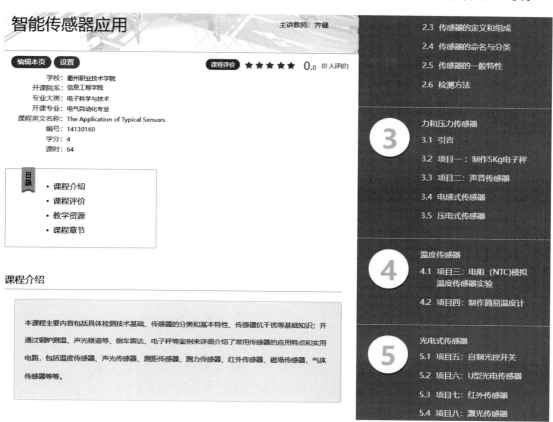

图 7-1　专业课程资源建设

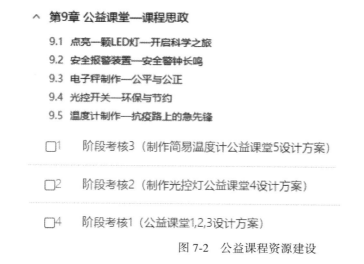

图 7-2　公益课程资源建设

7.4.2　对接课程教学开展"五官争霸"活动，实施"课程+公益"思政

在专业课程任务实施阶段，学生通过行动导向六步驱动教学法，按照资讯、计划、决

策、实施、检查、评估六步进行学习。完成各个任务的器件选取、电路接线、程序编译、调试运行等实操练习。同时，完成针对五个公益任务的团队分工、方案制定、方案汇报、活动预演、活动实施、资料整理等任务，见表 7-5。

结合中小学研学活动，开展"五官争霸"活动，一般在研学基地的实训教室内开展。活动时间总计 5 周，即第 11 周—第 15 周止，每周分设不同的主题，见表 7-5。活动设备主要包括 Arduino 电路板、电子元器件、面包板、杜邦线、电脑等，如图 7-3 所示。

表 7-5　公益活动安排表

活动主题	活动周次	教室安排	实训套件	其他安排
LED 灯闪烁	第 11 周	理南 304	LED 灯、220 Ω 电阻、Arduino 电路板、杜邦线、面包板	1. 方案制定； 2. 活动预演； 3. 安全预案； 4. 活动通知； 5. 钉钉群管理
电子秤制作	第 12 周	理南 304	悬臂梁、HX711 模块、Arduino 电路板、杜邦线、面包板	1. 方案制定； 2. 活动预演； 3. 安全预案； 4. 活动通知； 5. 钉钉群管理
安全报警装置	第 13 周	理南 304	蜂鸣器、Arduino 电路板、杜邦线、面包板	1. 方案制定； 2. 活动预演； 3. 安全预案； 4. 活动通知； 5. 钉钉群管理
温度计制作	第 14 周	理南 304	LM35 温度传感器、LCD1602 显示屏、Arduino 电路板、杜邦线、面包板	1. 方案制定； 2. 活动预演； 3. 安全预案； 4. 活动通知； 5. 钉钉群管理
光控开关	第 15 周	理南 304	LED 灯、220 Ω 电阻、光敏传感器、继电器、Arduino 电路板、杜邦线、面包板	1. 方案制定； 2. 活动预演； 3. 安全预案； 4. 活动通知； 5. 钉钉群管理

根据育人对象和服务对象的心理特点和活动本身的意义出发，把"公益课堂"实践活动命名为"五官争霸"活动。活动开展紧贴课程思政元素，通过活动达到让育人对象学以致用，培养育人对象科学严谨、团结协作、有责任心的良好品质，因此，活动的课程内容即为专业课堂的相关知识通过学生下潜后，形成符合服务对象特点的学习内容，在育人对象的能力范围之内，增强可操作性。

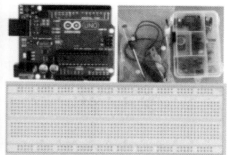

图 7-3　公益课堂实训环境及套件

　　育人对象根据公益课程自主选题，以团队协作的方式自主设计课程内容，完成方案制定，例如，指导方案、摄影方案、后勤方案、安全预案等；课下分小组完成活动预演，活动通知，钉钉群管理等；并制作宣传条幅，宣传策划，领队分工，保证活动顺利开展。活动后，整理每次活动的 PPT、视频、照片、宣传美篇等资料。

7.4.3　形成"守望初心"的主题资料，形成评价基础

　　"课程+公益"课程思政教学模式是专业基础课程教学建设的创新之举，根据专业课程任务学习和公益活动任务开展的不同内容、不同阶段进行考核。

　　在专业课程教学中学习的任务，需要进行过程考核、期中测试、期末考查的方式进行考核。考核途径主要借助信息化教学手段，例如，通过学习通平台作业发布，教师针对每个学生进行点评的方式进行考核，如图 7-4 所示。

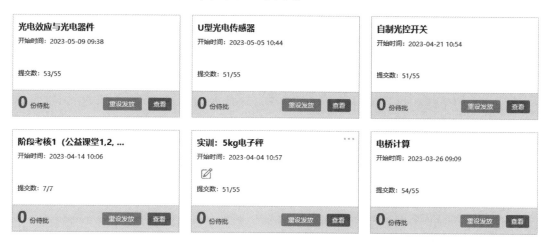

图 7-4　专业课程考核

　　在公益课程中教学中学习的任务，需要进行阶段考核，明确要求。例如，方案设计：为科普公益活动准备方案，了解科普对象情况，制作设计方案，以达到育人的目的。重点考查学生团队协作、责任担当、材料完整性等方面的表现。活动开展过程中，通过教师点

评、组内互评、组间点评等方式对现场活动进行考评，主要针对任务实施情况、学生反映情况、团队建设情况、安全保障情况、材料整理情况，如图7-5所示。

图7-5 阶段考核

"课程+公益"课程思政教学模式形成"守望初心"的主题材料，主题材料可以按照活动前、活动中、活动后进行分类。例如，活动前，主要包括方案资料：含PPT1份，指导方案1份，后勤计划1份，拍摄方案1份，程序文件1份等；活动中，主要包括安全预案、活动通知、安全责任协议、活动照片、课堂录像、花絮、评价记录等；活动后，主要包括育人对象的反思改进、服务对象的学习感想、美篇或者网站宣传报道等。

7.5 总结反思

7.5.1 构建"爱国主义""自立自强""责任担当""科学创新"的思政资源库

以立德树人为人才培养根本任务，根据专业人才培养目标和岗位职业能力要求，明确思政育人责任，完善"课程+公益"的教学目标。挖掘"课程思政"案例资源，构建"爱国主义""自立自强""责任担当""科学创新"等类型的思政元素，建立"抗疫路上的急先锋""一盏路灯点亮星途"等思政活动资源。

7.5.2 任务驱动课程项目建设，活动驱动公益思政实施，助力"三有"工匠人才培养

根据课程特性，以学生为中心，采用"任务驱动、学中做、做中学"的教学理念，实现"知识、能力、价值"有机融合培养，打造"智能"工匠人才培养。融入课程思政元

素后的"公益"课程将在社区科普活动中，增强学生"四个自信"意识，培育学生"有理想""有担当""有本领"。

7.5.3 建立课程思政评价和反馈机制，保障课程思政的持续改进

将过程性评价与终结性评价相结合，专业课堂的表现和公益课堂的表现相结合的评价制度；建立评价反馈，掌握学生对课程思政教学的认同感，了解学生的学习效果；根据评价结果分析不足，完善课程思政体系，实现课程思政的持续改进。

附　　录

附录1　学习任务单

学习任务单

学校		班级			时间	
主题				姓名		
序号	实验名称		实验器件			打卡盖章
1	LED 灯自动闪烁					
2	蜂鸣自动警报器					
3	制作电子秤					
4	制作光控灯					
5	制作温度计					
学习感受						

附录 2　安全预案

为贯彻落实"安全第一，预防为主"的安全工作方针，切实保障自动控制家族之"五官争霸"活动安全，特制定活动安全应急预案。活动过程中发生的各类突发公共事件，致使学生生命财产安全受到严重影响，启动预案。

一、领导小组职责及成员分工

（一）组织领导人员

为保障活动开展安全，成立领导小组，成员如下。

组　　长：×××

副组长：×××

成　　员：×××

（二）领导小组职责

（1）审定活动应急保障措施。

（2）接警后迅速查清突发事件的位置，了解突发事件的情况，随时掌握动态，及时、准确地组织和指挥人员扑救，必要时拨打"110""119"电话，向公安部门、消防部门报警。

（3）现场指挥扑救，协调各行动小组工作。

（4）协调有关部门对突发事件的调查。

（三）成员分工

（1）小组成员按照接待（×××）、指导（×××）、监督（×××）合理分工，合理分配各自志愿者工作，保证全程全方位管理学生开展活动。

（2）小组成员必须在各个环节保证签到确认，点名核实工作，并面授活动规则、安全要领。

（3）如遇紧急情况，务必保证学生安全第一的原则，冷静处理。如遇不能解决问题，及时报告学校后勤保卫处寻求帮助，或者拨打 110、119、120 电话报警急救，并及时向领导小组汇报。

二、突发情况应急预案

（一）遇走失伤病等响应措施

（1）迷途及解决方法。学生进入校园后要保证不脱离队伍，维持可互相看见的原则。如若迷途，则要求先镇定精神，拨打带队老师电话，告知情况，然后停留在原地，不要再乱走。

（2）摔伤、划伤。针对此类问题，基地准备了云南白药、气雾剂、邦迪、万金油等，若遇到紧急情况，基地将及时给予解决。

（3）如遇其他身体疾病等，及时拨打 120 急救，确保第一时间得到救治。

（二）遇危及人员生命安全响应措施

（1）工作人员首先确认学生的安全，如有伤亡及时保护现场、抢救伤员，上报应急领导组，讲明事故发生时间、地点、损失和人员伤亡情况。

（2）现场工作人员应立即拨打110、119事故报警电话，勘查现场、处理事故。

（3）应急领导组应及时赶到现场，负责现场处理、证据收集、事后谈判协商处理后续事宜，尽一切努力保障学生的合法权益。

（三）遇火灾等事故应急响应措施

（1）贯彻"救人第一，救人灭火同时进行"的原则，积极施救。

（2）坚持快速反应的原则处置火文事件，做到反应快、报告快、处置快，把握起火初期的关键时间，把损失控制到最低程度。

（3）火灾发生后，工作人员立即向110、119报告，同时组织好学生的疏散和救护工作，积极开展灭火自救工作。

（4）领导组接到火灾报告后，立即组织启动相应的应急预案。

附录3 分 组 方 案

××××级电气×××负责人：×××（人数：　　　）

（1）确定分组名单：含组长1名，组员8名，共7组，由×××负责统计。

（2）制定任务分配：形成小组名称，口号。角色1为组长任务（综合素质较好，能胜任），组员角色2、3为摄影，角色4为后勤，角色5~8为指导师。

（3）各组两节课时间按照分工各司其职。

1）组长：负责PPT制作和汇报，注意分析学习对象特点，不能照抄老师的PPT。

2）摄影：制作。按照准备阶段、实施阶段、总结阶段三个阶段制定拍摄方案，包含各阶段拍摄内容，拍摄对象，相应的图片数量标注清楚，注意事项罗列清楚。

3）后勤：针对实验材料、数量、型号形成自己的具体方案。

4）指导员：熟练操作步骤，故障排查，有针对性地练习并非常熟悉，形成准确的操作文档。

5）小组内分别讨论，汇总每个人制作的任务方案，组内讨论形成相应的文档，待汇报时展示。

（4）课上汇报。各组成员分别上台汇报自己的内容，要求形成Word文档或者PPT文档，教师、同学点评。

（5）上交材料：

1）角色任务方案（Word文档或者PPT文档）；

2）各阶段图片或者视频；

3）制作花絮视频。

以上材料，均标注清楚。

参 考 文 献

［1］余江涛，王文起，徐晏清．专业教师实践"课程思政"的逻辑及其要领——以理工科课程为例［J］．学校党建与思想教育，2018（1）：3.

［2］胡树祥．党的十九大与新时代高校立德树人的新要求［J］．学校党建与思想教育，2018（2）：3.

［3］陈正权，朱德全，王志远．新时代高职教育课程思政研究的主题样态与学术前瞻［J］．教育与职业，2023（1）：7.

［4］胥远兴．基于西门子 PLC 的自动化立体仓库系统设计与仿真［J］．微处理机，2023，44（2）：5.

［5］张占军．基于西门子 PLC S7-1200 与 ABB IBR120 柔性控制系统的设计［J］．电子产品世界，2023，30（1）：3.

［6］宋守斌．基于西门子 PLC 的智能工业机电一体化机床控制研究［J］．自动化与仪器仪表，2023（3）：5.

［7］王召彦．西门子 S7-200 在纸品传送设备上的应用调试［J］．中华纸业，2023，44（4）：3.